ZEITSCHRIFT FÜR ANGEWANDTE GEOLOGIE

HERAUSGEGEBEN VON

DER STAATLICHEN GEOLOGISCHEN KOMMISSION

UND DER ZENTRALEN VORRATSKOMMISSION

DER DEUTSCHEN DEMOKRATISCHEN REPUBLIK

AUS DEM INHALT

AKADEMIE-VERLAG · BERLIN

BAND 5 / HEFT 8
AUGUST 1959
SEITE 325—372

INHALT

Die ZEITSCHRIFT FÜR ANGEWANDTE GEOLOGIE berichtet ständig ausführlich über folgende Arbeitsgebiete: Geologische Grundlagenforschung und Lagerstättenforschung / Methodik der geologischen Erkundung / Ökonomie und Planung der geologischen Erkundung / Technik der geologischen Erkundung / Geologie und Lagerstättenkunde im Ausland / Bibliographie, Verordnungen, Richtlinien, Konferenzen, Personalnachrichten

Die ZEITSCHRIFT FÜR ANGEWANDTE GEOLOGIE ist kein Organ einer engen Fachgruppe. Auf ihren Seiten können alle strittigen Fragen der praktischen Geologie behandelt werden. Die Autoren übernehmen für ihre Aufsätze die übliche Verantwortung

Herausgeber: Staatliche Geologische Kommission und Zentrale Vorratskommission für mineralische Rohstoffe der Deutschen Demokratischen Republik. Chefredakteur: Prof. Dr. Erich Lange, Berlin. Redaktion: Berlin N 4, Invalidenstraße 44. Verlag: Akademie-Verlag GmbH, Berlin W 1, Leipziger Straße 3–4 (Fernsprecher 220441, Postscheckkonto: Berlin 35021). Bestellnummer des Heftes: 1047/5/3. Die „Zeitschrift für angewandte Geologie" erscheint monatlich. Bezugspreis 2,– DM je Heft. – Satz und Druck: Druckhaus „Maxim Gorki", Altenburg. Veröffentlicht unter der Lizenznummer ZLN 5008 des Ministeriums für Kultur, Hauptverwaltung Verlagswesen. Karten: MdI der DDR Nr. 4653, 4743, 4790, 4872, 4961 /K 11. Printed in Germany

ZEITSCHRIFT FÜR ANGEWANDTE GEOLOGIE

CHEFREDAKTEUR: PROF. DR. E. LANGE

BAND 5 · AUGUST 1959 · HEFT 8

Erdölressourcen der UdSSR

FRANK WEGERT, Ludwigslust

Die Sowjetunion ist in den letzten Jahren mit der Erdölproduktion in die Reihe der führenden Länder gerückt. Im Jahre 1958 wird die Förderung 113 Mio jato betragen. Sie soll bis 1965 auf 230—240 Mio jato ansteigen. Die Gasförderung soll 1965 jährlich 150 Mrd m^3 erreichen.[1]) Das sind grandiose Zahlen. Aus ihnen ergibt sich zwangsläufig die Frage nach den Reserven, d. h. die Frage nach den Lagerstätten und den weiteren Perspektiven.

Im vorrevolutionären Rußland spielten die kaukasischen Felder die weitaus größte Rolle. Unter ihnen war das Bakuer Gebiet führend. In den Jahren der Sowjetmacht vollzog sich ein großer Wandel. Neue Erdölfelder wurden entdeckt, neue stratigraphische Horizonte erdölgeologisch erschlossen. Jetzt werden im Wolga-Uralgebiet 70% der gesamten Erdölförderung gebracht, dort befinden sich 80% der Vorräte. Während in Baku die produktiven Horizonte im Pliozän liegen, kommen jetzt 80% der Förderung des Wolga-Uralgebietes aus dem Devon.

Zum Wolga-Uralgebiet rechnet man Baschkirien, Tatarien und die Gebiete Uljanowsk, Kuibyschew, Orenburg und Perm (s. Abb. 2).

Allein in Baschkirien wurden 1957 13 Erdölfelder und 16 neue Öllager entdeckt. Baschkirien verfügt auf einem großen Territorium über riesige Vorräte. Ölführende Schichten werden fast in allen Horizonten des Profils angetroffen.

In Baschkirien, wie überall im Wolga-Uralgebiet, lagert unter den wenig dislozierten Sedimenten des Paläozoikums ein präkambrisches Fundament aus stark gestörten und stark metamorphisierten Granit-Gneisen. Die Tiefe schwankt zwischen 1400 und 3000 m. Darüber liegt ein fossilfreies Paket prädevonischer Sedimente, die sogenannte Bawly-Folge. Das sind im allgemeinen terrigene Gesteine mit einer Mächtigkeit bis zu 2000 m. Der obere Teil dieser Sedimente gehört wahrscheinlich schon zum Paläozoikum, während man den unteren Teil oft zum Proterozoikum rechnet. Einige Sandsteinschichten, die im oberen Teil angetroffen werden, können als Speichergesteine dienen und sind als perspektiv anzusprechen. Wesentlich größere Bedeutung haben die darüberliegenden devonischen, karbonischen und permischen Schichten. Das sind hauptsächlich Karbonate, die von wenigen terrigenen Schichten durchzogen werden.

Im Givet und im Frasne befindet sich ein terrigenes Schichtenpaket, kurz als terrigenes Devon bezeichnet. Die darin angetroffenen Sandsteine D_V, D_{IV}, D_{II} und D_I sind die wichtigsten Speichergesteine.

Die Schichten D_V und D_{IV}, die zum Givet gehören, haben geringere Bedeutung. Sie sind in Kultjuba (D_V) und Schkapowo wirtschaftlich ölführend.

Der Sandstein D_{II}, zum Obergivet gehörig, ist bedeutend weiter verbreitet und fast in ganz Westbaschkirien ölführend. Allerdings wurde eine wirtschaftliche Ölführung nur im Bereich der Felder Tymasy, Serafimowka, Tschekmagusch u. a. festgestellt.

Die größte Bedeutung hat jedoch der Sandstein D_I, den man zum unteren Frasne rechnet. Seine Mächtigkeit schwankt zwischen 0 und 24 m. Der Sandstein ist fast im gesamten Westbaschkirien ölführend.

Öl wurde außerdem aus den Karbonaten der Famenne-Stufe und der Tournai-Stufe erhalten.

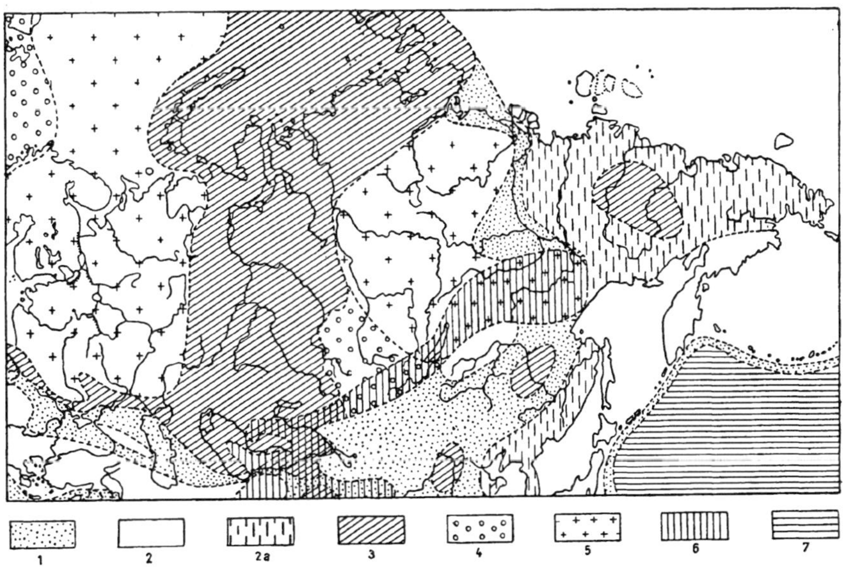

Abb. 1. Tektonisches Schema der UdSSR (nach W. W. BJELOUSSOW)

1 — Alpidische Vorsenken und Parageosynklinalen, 2 — Alpidische Geosynklinalen, 2a — dieselben mit vorwiegend mesozoischer Faltung, 3 — Tafeln mit herzynischem (jungpaläozoischem) Unterbau, 4 — Tafeln mit kaledonischem Unterbau, 5 — Tafeln mit präkambrischem Unterbau, 6 — „Aktivisierte" Gebiete der Tafeln, 7 — Grund des Stillen Ozeans

[1]) Aus den Thesen N. S. CHRUSCHTSCHOWs zum Referat auf dem XXI. Parteitag der KPdSU.

Von Bedeutung ist auch das terrigene Karbon. Das ist eine Wechsellagerung von Tonen, Sandsteinen und Schluffsteinen. Es wird von einigen Geologen als fazielle Änderung der Tournai-Karbonate angesehen, von anderen aber als eigener Horizont, dem Stalinogorsker Horizont im Visé ausgeschieden. Dieser Horizont ist sehr wechselhaft. Meist ist er von geringer Mächtigkeit, oft keilt er ganz aus, manchmal erreicht er 20 m. Er zeichnet sich durch seine regionale Erdölführung aus.

Im Gebiet von Ischimbai lagert das Öl in Riffkalken der Arta-Stufe. Diese Lagerstätten sind an die jungpaläozoische Vorsenke des Ural gebunden. So ziehen sich die Riffe kettenförmig parallel dem Ural in meridionaler Richtung entlang. Diese Lagerstätten sind aber verhältnismäßig klein.

Von weitaus größerer Bedeutung sind die westbaschkirischen Felder wie Tymasy und Schkapowo, die in tektonischer Hinsicht an die südöstliche Randzone der Tatarischen Aufwölbung gebunden sind. In Tymasy begann die Erkundung 1934. Schon im Mai 1937 wurde das erste Öl aus dem terrigenen Karbon erhalten, das aber wegen seiner stark schwankenden Mächtigkeit keine große Bedeutung gewinnen konnte. Erst 1944 mit der Entdeckung von Erdöl im terrigenen Devon begann Tymasy seine heutige Bedeutung zu gewinnen. Die größte Lagerstätte, im D_I, hat eine Länge von 28 km und eine Breite von 14 km. Die Mächtigkeit von D_I schwankt zwischen 3 und 24 m (im Durchschnitt 14 bis 15 m). Der anfangs hohe Schichtendruck nahm schnell ab, und deshalb wurde hier, in der UdSSR das erste Mal, mit Wasserflutung begonnen. So ist z. B. im Jahre 1955 der Druck wieder um 14 atü gestiegen.

Neben D_I sind auch D_{II}, D_{III} und D_0 (Frasne-Stufe) sowie Tournai-Kalke und das terrigene Karbon Förderhorizonte. Von Interesse für die weitere Erkundung sind hier die Famenne-Kalke, die schon positive Resultate gezeigt haben, und Karbonate der Oka-Unterstufe und der Tula-Schichten (beide Visé).

Das Erdölfeld Schkapowo, das erst in letzter Zeit erkundet wurde, hat zwar etwas weniger Vorräte als Tymasy, spielt aber doch eine wichtige Rolle. Wie auch in Tymasy fallen die Flanken sehr flach ein (weniger als 1°).

Außer diesen großen Feldern gibt es noch eine Reihe kleinerer, die sich aber geologisch nicht wesentlich unterscheiden.

Auch in Tatarien ist die Stratigraphie und die Ölführung im wesentlichen die gleiche. Das größte Feld Tartariens, gleichzeitig das größte Feld der Sowjetunion, ist Romaschkino. Dort ergab 1948 die erste Bohrung Öl. Der wichtigste Horizont ist D_I, in dem 91% der gesamten Vorräte des Feldes sind. Die Lagerstätte hat folgende Ausdehnung: EW 70 km und N-S 80 km. Die Mächtigkeit des Sandsteines D_I (z. T. Schluff) schwankt zwischen 0 und 34 m (im Mittel 9—10 m). Die westliche Flanke fällt unter einem Winkel von 1,5°, die anderen unter einem von 10′ — 40′ ein. Über die Hälfte der Erdöllagerstätte wird von Sohlenwasser unterlagert, was natürlich die Förderung stark erschwert. Die schlechten Druckverhältnisse und die Größe der Lagerstätte haben die Geologen dazu bewogen, die einheitliche Lagerstätte in einzelne kleinere zu zerschneiden. Letzteres wird durch Flutungsbohrungen erreicht. So wurden bisher die Felder Minnibajewo, Abdurachmanowo und Pawlowo herausgeschnitten, die unabhängig voneinander abgebaut werden. Insgesamt soll Romaschkino in 23 Felder zerlegt werden.

Neben Romaschkino gibt es in Tatarien noch eine Reihe kleinerer Felder, von denen Bawly das größte ist. Wenn Bawly im Verhältnis zu solchen Feldern wie Romaschkino oder Tymasy auch klein ist, so werden hier immerhin über 10000 Tagestonnen gefördert.

Nach dem Norden zu machen sich einige Veränderungen in der Geologie bemerkbar. Das präkambrische Fundament ist in der Gegend von Krasnokamsk nicht erbohrt worden (die tiefsten Bohrungen erreichten dort 3000 m). Unter dem Givet wurde dort Eifel nachgewiesen, darunter befindet sich eine bunte Sand-Ton-Serie, die an die Bawly-Folge erinnert. Eifel wird durch terrigene Sedimente vertreten. Während die terrigenen Ablagerungen des Givet Baschkiriens im Permer Gebiet in karbonatische übergehen, bleiben die des unteren Frasne erhalten.

Ölführend ist hier im Permer Gebiet vor allem die Folge A. Oft ist auch der Stalinogorsk-Horizont von Bedeutung, manchmal tritt Erdöl im terrigenen Devon auf. Außerdem findet sich schweres Öl in Dolomiten des Kungur. Die Folge A erstreckt sich stratigraphisch auf einen Intervall, der die Baschkirien-Stufe (Mittelkarbon), den Wereja- und den Kaschira-Horizont (beide Moskauer-Stufe, Mittelkarbon) umfaßt. Die Folge A besteht aus Wechsellagerungen verschiedener Kalke, teilweise auch Tonen. Ölführend sind hier acht Schichten poröser Kalke. Die wichtigsten Felder sind Krasnokamsk, Sewerokamsk, Polasno u. a. In bezug auf die Förderleistung stehen diese Felder natürlich weit hinter den baschkirischen und tatarischen zurück.

Der südliche Teil des Wolga-Uralgebietes wird durch die Gebiete Kuibyschew, Orenburg und Uljanowsk, auch mittleres Wolgagebiet genannt, vertreten. Diese Gebiete haben 1957 fast die gleiche Menge gefördert wie Aserbaidshan.

Die Bawly-Folge wird auch hier mit einer maximalen Mächtigkeit von über 500 m angetroffen. Im Gebiet der sogenannten Mittelwolga-Aufwölbung fehlt sie. Die Mächtigkeit des terrigenen Devons nimmt gegenüber Baschkirien im allgemeinen zu. Der Stalinogorsk Horizont nimmt stark zu und erreicht im zentralen Teil (Muchanowo) eine Mächtigkeit von über 400 m, weiter südlich verringert sie sich wieder bis auf 70 und nach SW bis auf 27 m. Die permischen Ablagerungen verringern sich nach Westen zu und verschwinden teilweise ganz.

Durch die Samarer Wolgaschleife zieht sich eine asymmetrische Antiklinale, die Shiguli-Schwelle. Die nördliche Flanke hat ein Einfallen von 70°—50° und ist durch eine Verwerfung gestört. Die Südflanke hat ein Einfallen von 1°—1,5°.

Das erste an die Shiguli-Schwelle gebundene Feld, Sysran, wurde 1935 entdeckt. Die anderen beiden bedeutenden Felder an dieser Schwelle, Jablonowy Owrag und Solny Owrag, wurden 1937 bzw. 1944 entdeckt.

Sysran ist eine Brachyantiklinale von 8 km Länge. Hier wird aus dem Stalinogorsk-Horizont und dem Wereja-Horizont Erdöl gefördert. Die Mächtigkeiten schwanken stark; der Sandstein des Stalinogorsker Horizontes erreicht eine maximale Mächtigkeit von 22 m.

Das größte Feld in der Samara-Schleife ist Solny Owrag. Hier wird hauptsächlich aus den Sandsteinen des Stalinogorsk-Horizontes gefördert. Sie erreichen eine summare Mächtigkeit von 28 m. Erdöl wird auch aus dem terrigenen Devon gefördert. Ferner sind der Sandstein im Wereja und die Kalke im Tournai und im Famenne wirtschaftlich ölführend.

Neben diesen gibt es auf der Shiguli-Schwelle noch eine Reihe von Feldern.

Auf der östlichen Verlängerung der Shiguli-Schwelle befindet sich das größte Feld des Mittelwolgagebietes Muchanowo, dessen Vorräte etwa denen von Tymasy gleichen. Dabei ist es nur 17 km lang und 3,5–4 km breit. Dafür beträgt die Mächtigkeit des Sandsteins im Stalinogorsk-Horizont 100 m; außerdem ist er sehr permeabel (2–4 darci). Das Einfallen der Flanken erreicht 4°–5° im Norden und 1,5° –2° im Süden. Etwas Öl wird außerdem aus dem unteren Perm gefördert. Erkundungsbohrungen haben gezeigt, daß auch das terrigene Devon hier sehr mächtig ist, eine gute Permeabilität besitzt und wirtschaftlich ölführend ist. 1957 sind in Muchanowo etwa 9 Mio t Öl gefördert worden. Daneben gibt es noch eine Anzahl ähnlicher, etwas kleinerer Felder.

Weiter östlich befindet sich eine Gruppe von Erdölfeldern, zu denen Nowostepanowka-Kalinowka und

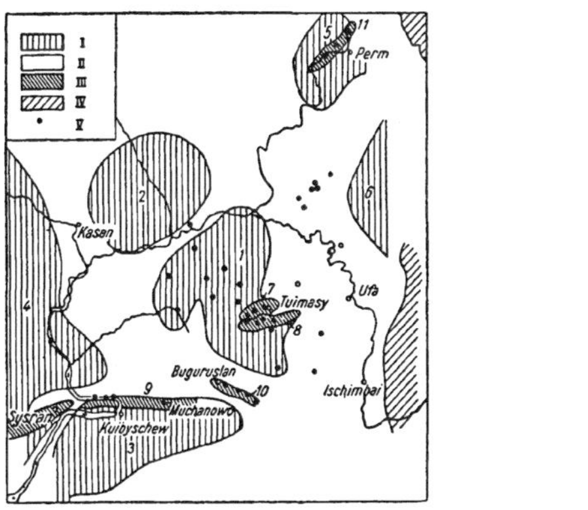

Abb. 2. Paläotektonisches Schema der Strukturen des Devon im Wolgagebiet (nach L. N. ROSANOW)

I – Aufwölbungen: 1 und 2 – Tatarische Aufwölbungen (nördlicher und südlicher Top), 3 – Mittelwolga-Aufwölbung, 4 – Tokmower-Aufwölbuug, 5 – Oberkama-Aufwölbung, 6 – Baschkirische Aufwölbung; II – Senken und Depressionen; III – Schwellen (Wälle): 7 – Tymasy, 8 – Serafimo-Baltajewo, 9 – Shiguli, 10 – Bolsche-Kinelski, 11 – Krasnokamsk-Polasno; IV – Gebiet des gefalteten Ural; V – Ölfelder

Sultangulowo gehören. Hier befinden sich größere Gaslagerstätten in Mergel bzw. Sandsteinen der Spiriferschichten der Kasan-Stufe. Weiterhin wird Erdöl aus Kalken des Tournai gefördert.

Südlich des Wolga-Uralgebietes befindet sich das Saratow-Stalingrader Wolgagebiet. Dieses Gebiet unterscheidet sich durch die größere Tiefe des Devons und das Fehlen des Perms. Das Prägivet wird durch bunte terrigene und karbonatische Gesteine vertreten, auf denen graue Sandsteine und Schluffsteine marinen Charakters lagern. Givet, das auf dem rechten Wolga-Ufer eine Mächtigkeit bis zu 250 m hat, ist auf dem linken vollständig abgetragen. Dabei ist festzustellen, daß das terrigene Devon nach Süden und Osten immer jüngere Schichten erfaßt.

Der Stalinogorsk-Horizont vergrößert seine Mächtigkeit von Norden nach Süden. Sonst ist das Karbon wie im Wolga-Uralgebiet ausgebildet. Über dem Karbon transgrediert Jura.

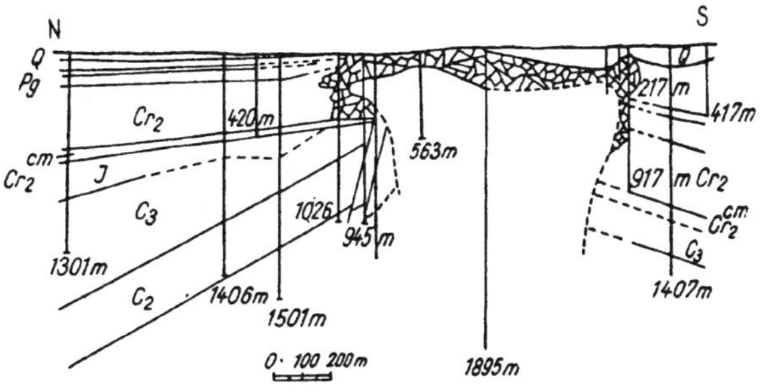

Abb. 3. Profil durch den Salzstock Romny – Ukrainische Senke (nach J. A. KOSSYGIN)

Das Gasfeld Jelschanka weist eine formlose Struktur auf, deren Südflanke mit 30° und deren übrige Flanken mit 2–4° einfallen. Der Wereja-Horizont hat hier eine Mächtigkeit von 170 m und wird durch eine Wechsellagerung von Sandstein, Ton und Kalk vertreten. Die Sandsteinschichten sind gasführend.

Der Stalinogorsk-Horizont hat eine Mächtigkeit von 30 m und enthält in linsenartig ausgebildeten Sandsteinen eine Gaslagerstätte, die von einem Ölring umgeben wird. Dasselbe ist in den Tournaikalken der Fall. Im NE wurde aus dem Devon aus Erkundungsbohrungen ein Ölzufluß erhalten. Bis zur Fertigstellung der Gasleitung aus Stawropol war Jelschanka der wichtigste Gaslieferant für Moskau.

Direkt bei Saratow liegt Sokolowaja Gora. Das ist das größte Ölfeld des Saratower Gebietes. Hier wird Erdöl aus dem terrigenen Devon gefördert. Im Stalinogorsk-Horizont befindet sich eine Gaserdöllagerstätte und im Wereja eine Gaslagerstätte.

Auf dem linken Wolga-Ufer ist noch kein größeres Feld bekannt. Es wurde aber im Karbon und im Devon auf einer Reihe von Erkundungsobjekten eine Öl- und Gasführung nachgewiesen. Ähnlich ist es auch im Stalingrader Gebiet.

Das größte Feld auf dem rechten Wolga-Ufer im Stalingrader Gebiet ist das Doppelfeld Shirnowo-Bachmetjewsk. Das ist eine in meridionaler Richtung streichende Doppelstruktur, deren Westflanke steil (25–30°) und deren Ostflanke flach (2–3°) einfällt. Hier reicht das terrigene Devon bis in die Jewlano-Liwenskii- und die Woronesch-Schichten, die den obersten Teil der Frasne-Stufe bilden. Im Devon befindet sich eine kleinere Öllagerstätte, wie sie ebenfalls im Wereja, im Stalinogorsk und im oberen Teil der Tulaschichten anzutreffen sind. Die größte Bedeutung hat hier aber der Sandstein B, der sich im unteren Teil der Tulaschichten befindet. Er zeichnet sich durch hervorragende Speichereigenschaften aus und enthält eine große Lagerstätte wertvollen Öls mit hoher Oktanzahl und geringem Schwefel- und Paraffingehalt. Ein ver-

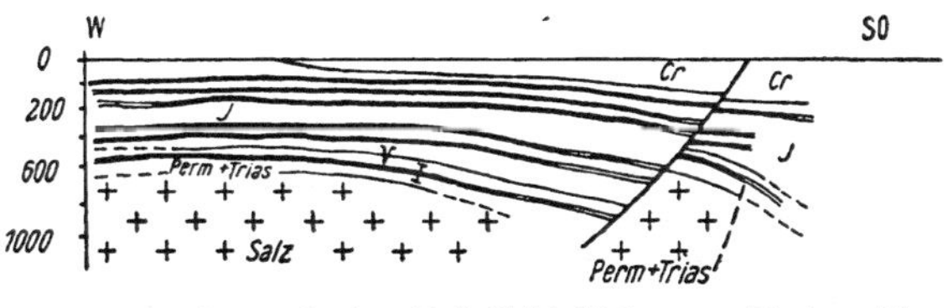

Abb. 4. Profil durch das Erdölfeld Makat – Embagebiet (nach I. W. WYSOTZKI)

C_2 – Mittleres Karbon, C_3 – Oberkarbon, J – Jura, Cr – Kreide, Cr_2 – Oberkreide, Cr_2/cm – Cenoman, Pg – Paläogen, Q – Quartär

hältnismäßig ähnliches Bild findet man auf den anderen Feldern des Stalingrader Gebietes.

Während die Perspektiven der weiteren Erkundung im Saratower Gebiet auf dem linken Wolga-Ufer liegen, geht die zukünftige Erkundung im Stalingrader Gebiet nach dem Westen, wo der Stalinogorsk-Horizont besser ausgebildet ist. Über das Givet und das untere Frasne ist im Stalingrader Gebiet noch nichts bekannt.

Die oben aufgeführten Regionen bilden stratigraphisch gesehen ein geschlossenes Gebiet. Das Devon erreicht nach Süden zu eine immer größere Tiefe. Die Mächtigkeit des Karbons nimmt im allgemeinen zu, und an der Oberfläche treten immer jüngere Sedimente auf.

Die Tektonik ist im allgemeinen ruhig; das Einfallen ist meistens sehr gering; es werden keine Störungen angetroffen. Die Lagerstätten haben flächenmäßig eine große Ausdehnung, aber eine geringe Höhe. Die Schichten sind häufig nicht kompakt, sondern zergliedern sich in eine Vielzahl einzelner, jedoch miteinander verbundener Horizonte. Sie zeichnen sich durch eine starke fazielle Veränderlichkeit aus. Dies bedingt selbstverständlich auch eine Veränderlichkeit der Speichereigenschaften. Darum ist das Lagerstättenregime meistens ein elastisches Wasserdrucksystem, und der Lagerstättendruck verringert sich bei der Förderung schnell. Daher werden hier alle größeren Felder mit Wasserflutung abgebaut.

Dieser Typ von Erdölfeldern wird als Tafeltyp bezeichnet, weil er für solche Gebiete, wie z. B. die Russische Tafel, charakteristisch ist. Eine Ausnahme bilden Felder, die zwar auch im Bereich der Tafel liegen, aber in Gebieten mit Salztektonik. Deshalb werden sie auch in einem besonderen Typ ausgeschieden. Dazu gehören die Ölfelder des Embagebietes und im Ukrainischen Trog.

Der Ukrainische Trog begann seine Entwicklung im Givet. Das kristalline, präkambrische Fundament, das im Woronescher und Ukrainischen Schild in einer Tiefe von 10 bis 1000 m ansteht, erreicht im Bereich des Ukrainischen Trogs eine Tiefe bis zu 4000 m. Von verschiedenen Geologen wird angenommen, daß es sich hier um einen Graben handelt. Entlang der Ränder des Troges zieht sich eine Reihe von Störungen, in deren unmittelbarem Bereich sich Salzstöcke befinden. Außerdem findet man im Randgebiet des Troges noch eine Reihe von Strukturen ohne Salzstöcke, die wohl genetisch mit der Bildung des Troges im Zusammenhang stehen.

Neben den kleineren Feldern auf den Salzstrukturen Romny (s. Abb. 3) und Radtschenkowo gibt es nur ein größeres Feld. Das ist das bekannte Gasfeld Schebelinka. Schebelinka ist eine Antiklinale von 20 km Länge und 7—8 km Breite, ohne Salzstock im Kern der Struktur. Die Südflanke hat ein Einfallen von 20 bis 25°, die nördliche ist flacher. Die Antiklinale weist eine Störung auf, an der die Südflanke abgerutscht ist.

Im Bereich der oben angeführten Felder liegt Givet direkt über dem Präkambrium, darüber Frasne und Famenne. Neben terrigenen und vereinzelten karbonatischen Ablagerungen ist im Devon reichlich Salz zu finden. Im Visé und Namur werden einige Sandsteine angetroffen, die öl- bzw. gasführend sind. Oberkarbon fehlt. Die größte Bedeutung hat im Gebiet Schebelinka das Perm. Das untere Perm ist hier durch 7 Schichtpakete vertreten: den Subanhydrit-Horizont, den unteren Anhydrit, eine Steinsalzserie, den mittleren Anhydrit, eine Salzserie, den oberen Anhydrit und eine Tonserie. Der Subanhydrit-Horizont ist eine rotfarbene Wechsellagerung terrigener und karbonatischer Gesteine mit einzelnen Anhydritlagen, die gasführend sind. Der untere und der mittlere Anhydrit haben 8 bzw. 5 klüftige, gasführende Schichten. In Radtschenkowo ist Trias gasführend. Über diesen Schichten lagert im allgemeinen Jura, Kreide, Alttertiär und vereinzelt sogar Miozän. Schebelinka gehört zu den größten Gaslagerstätten der UdSSR.

Die Embaprovinz liegt im südöstlichen Randgebiet der Russischen Tafel. Das präkambrische Fundament erreicht hier eine große Tiefe. Im Osten und Süden schließt das Territorium der herzynen (oberpaläozoischen) Ural-Sibirischen Geosynklinale an. Die Formen der Salzstrukturen unterscheiden sich hier wesentlich von den ukrainischen. Im Gegensatz zu den letzteren, die flächenmäßig klein sind und steile Flanken aufweisen, haben die Embasalzstrukturen viel flachere Flanken und eine Ausdehnung bis zu 300 km² und mehr. Sie weisen sehr viel Störungen auf. Die Abstände zwischen den einzelnen Salzstrukturen sind sehr verschieden (15—25 km). Die Entstehung der Salzstöcke erklärt man aus den plastischen Eigenschaften des Salzes und seines geringen spezifischen Gewichtes, wobei natürlich der tektonische Faktor auf keinen Fall zu vernachlässigen ist, obwohl er nicht entscheidend wirkt. Das Liegende des Salzes lagert selbstverständlich nicht horizontal und ist nicht eben, sondern es bildet genauso Schwellen, Aufwölbungen, Senken und dergleichen mehr, wie sie auch in anderen Teilen des Tafelgebietes zu finden sind.

Das erste Erdöl ist im Embagebiet schon seit Ende des vorigen Jahrhunderts bekannt. Bedeutung erlangte es aber erst im Jahre 1911 mit einer Eruption aus 220 m Tiefe (Jurasandsteine) auf dem Feld Dossor. Neben den etwa 20 fördernden Feldern hat jetzt Karaton die größte Bedeutung. Die Förderung des Embagebietes ist verhältnismäßig gering, das Öl wird aber wegen seiner guten Eigenschaften geschätzt.

Erdölführend sind im Embagebiet das Perm-Triaspaket, der Jura und die Unterkreide. Die Teufen sind im allgemeinen nicht sehr groß. An der Oberfläche werden infolge der starken Blockbewegungen neben Alttertiär und Oberkreide auch Unterkreide und Jura angetroffen. Die Erdölfelder des Embagebietes zeichnen sich, wie alle Erdölfelder vom Salzstocktyp, durch die Verschiedenartigkeit der Lagerstättentypen aus. Hier werden tektonisch ekranierte, stratigraphische, lithologische Kontakt- und Toplagerstätten angetroffen.

Durch verschiedene Vorsenken gliedern sich der Russischen Tafel die Geosynklinalgebiete an. In diesen Vorsenken werden auch eine Reihe von Erdölfeldern gefunden. Zu dieser Gruppe gehören die Erdölfelder der Westukraine.

Auf dem Tafelhang der Karpatenvorsenke befindet sich eine Anzahl von Gasfeldern, während die Ölfelder von Borislaw und andere sich auf dem Geosynklinalhang befinden.

Die Gasfelder, unter denen Daschawa einen hervorragenden Platz einnimmt, sind vom Tafeltyp. Es sind flache, unregelmäßige Strukturen. Gas wird hauptsächlich aus der oberen Strukturetage gefördert (Torton und Sarmat), die Gasführung der unteren Strukturetage (Malm und Oberkreide) konnte inzwischen auch

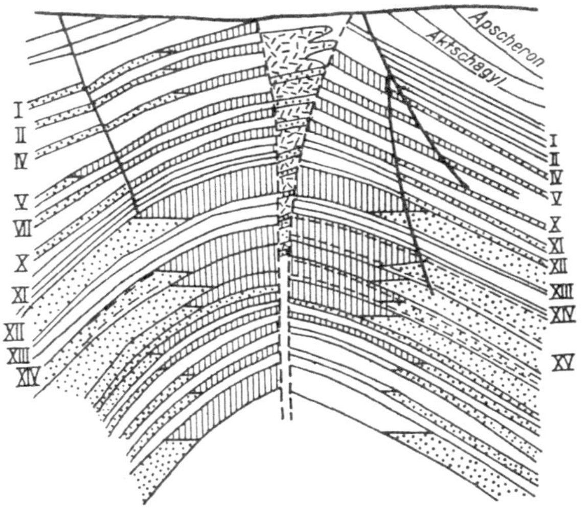

Abb. 5. Profil durch das Erdölfeld Bibi-Eibat (nach I. O. BROD und N. A. JEREMENKO). Die Schicht I liegt etwa in 200—300 m Tiefe

nachgewiesen werden. Die Erdölfelder entsprechen schon mehr dem geosynklinalen Typ. Das Öl hat sich hier in der umgekippten sog. „Borislawer" Tiefenfalte akkumuliert. Hier wurde 1870 eine einzigartige Ozokeritlagerstätte entdeckt; es handelt sich hierbei um die einzige dieser Art in der SU.

Vom gleichen Typ sind die Erdöllagerstätten des Kubangebietes. Die kaukasische Vorsenke ist kein einheitliches Element, sondern sie gliedert sich in verschiedene Zonen. Das sind die Asow-Kubandepression im Westen, die Terek-Kumadepression im Osten und zwischen ihnen das sogenannte Stawropoler Massiv. Diesen tektonischen Formen entsprechen übrigens auch die heutigen morphologischen. Die Erdölfelder des Kubangebietes sind an den westlichen Teil der kaukasischen Vorsenke gebunden. 1864 wurde aus der ersten Bohrung des Kubangebietes Erdöl gefördert. Allerdings geriet sie in Vergessenheit, und erst 1909 begann die Ausbeutung der Kuban-Ölfelder. Erdöl wird hier hauptsächlich aus tertiären Schichten auf dem Geosynklinalhang der Vorsenke gefördert. Weitaus größere Bedeutung haben jedoch die erst in letzter Zeit entdeckten Felder auf dem Tafelhang der Vorsenke, wo Kreide und Jura ölführend sind. Geologisch interessant sind die ältesten Felder der Kubanprovinz, d. h. die Erdölfelder des Gebietes von Maikop. Hier sind Sandsteine der Maikop-Folge (Oligozän und unteres Miozän), die im Streichen der ehemaligen Uferlinie auskeilen, entlang dieser ölführend. Das Erdölfeld von Apscheronsk ist durch die Arbeiten GUBKINS bekannt, der in den ersten Jahren seiner Tätigkeit hier eine „armartige" Lagerstätte erkundete. Es handelt sich um das alte Flußbett des Flusses Pschecha, das in die Karbonate der Foraminiferen-Schichten (Eozän) gegraben und mit Tonen und Sanden der Maikop-Folge ausgefüllt wurde. Die eigenartige, von anderen Erdöllagerstätten abweichende Form bedingte die Schwierigkeit der Erkundung.

Während in der Asow-Kuban-Depression das kristalline Fundament in einer Tiefe von über 2000 m lagert, sind es auf dem Stawropoler Massiv nur 1100 bis 1200 m, in der Terek-Kuma-Depression sind es sogar 3500—4000 m. Das Fundament gehört hier dem Alter nach zum Tournai. Das Profil des Mesozoikums ist in Stawropol stark verkürzt. Eine Bedeutung hat hier nur das Alttertiär. Im Stawropoler Gebiet liegen die größten Gasfelder der UdSSR. Gasführend ist hier der Chadum-Horizont, der unterste Horizont des Maikop. Er besteht aus 120 m mächtigen Mergeln, die z. T. klüftig sind. Die südlichen Strukturen des Stawropoler Massivs haben kaukasische Streichrichtung und steilere Flanken, während die nördlicheren flacher sind und unregelmäßige Formen besitzen.

Eine große Bedeutung haben die Erdölfelder der Terek-Kuma-Depression. Sie liegen auf dem Tafelhang der Vorsenke. Das sind solche Felder wie Oseksuat, Atschikulak, Praskowej u. a. Diese Felder liegen im Gebiet von Grosny und geben die Möglichkeit, dem Rückgang der Erdölförderung in diesem Gebiet, das sich aus der Erschöpfung der eigentlichen Grosnyer Felder erklärt, Einhalt zu gebieten. Hier sind Unterkreide und Jura ölführend. Das Öl lagert aber in einer Tiefe von 3000 bis 3500 m, was die Erkundung und Förderung natürlich erschwerte.

Die eigentlichen Erdölfelder von Grosny liegen im Gebiet der vorgelagerten Falten. Bekanntlich befinden sich zwischen der kaukasischen Vorsenke und dem Hauptfaltenzug des Kaukasus die oben genannten vorgelagerten Falten. Das ist die Terski- und die Sunshenski-Antiklinorie, denen in Dagestan die West- und die Ostantiklinorie entsprechen.

Über das Mesozoikum ist in diesen Gebieten noch wenig bekannt. In Dagestan aber wurden schon gute Anzeichen gefunden, und die Erkundung orientiert sich jetzt dort auf Kreide und Jura. Im Karagan und Tschokrak, beides Unterstufen der Tortonstufe des mittleren Miozän, befinden sich über 20 ölführende Horizonte im Gebiet von Grosny. In Dagestan treten die ölführenden Horizonte im Tschokrak auf. Das Feld Altgrosny wurde 1893 entdeckt. Hier ist auch, wie in den anderen Feldern von Grosny, die Permeabilität der Sandsteine sehr groß. Deshalb ist die Tagesförderung der einzelnen Sonden sehr hoch, aber die Lagerstätten werden schnell erschöpft. Interessant ist das Feld Dag-Ogni (Dagestanische Feuer), wo Gas in klüftigen Mergeln des Chadum auftritt. Dabei dürfte es sich aber um sekundäres Gas aus der Unterkreide oder dem Jura handeln. Dieses Gas tritt auch an die Erdoberfläche und wurde von den Feueranbetern als Heiligtum verehrt. Ähnlich verhält es sich auch auf der Apscheron-Halbinsel im Gebiet von Baku. Dort sind Gasausbrüche, Erdölquellen, Schlammvulkane und andere Erdölanzeichen an der Oberfläche schon seit dem Altertum bekannt.

Die Apscheron-Halbinsel liegt an der östlichen Absenkung des Kaukasus. Es handelt sich hier um Erdölfelder geosynklinalen Typs. Im Zusammenhang mit der Entwicklung der Kaukasischen Geosynklinale im Tertiär hat schon allein das Jungtertiär eine Mächtigkeit von mehreren tausend Metern. Die ölführenden Horizonte des Bakuer Gebietes befinden sich in der „Produktiven Serie" (mittleres Pliozän). Es ist dies eine Wechsellagerung von Tonen und Sanden. Darüber lagern die Aktschagyl- und die Apscheron-Stufe (oberes Pliozän) und die Stufen des Quartär. Es werden verschiedenartige Erdölfelder angetroffen. Die Felder des Lenin-Bezirkes liegen auf einer Antiklinale mit einer Länge von 9 km und einer Breite von 5 km. Diese ist asymmetrisch, das Einfallen beträgt an der steileren

Südflanke 25–30° und vergrößert sich nach unten bis zu 45–50°. Die Mächtigkeit der „Produktiven Serie" erreicht hier 1400 m. Die Struktur ist durch eine Anzahl Verwerfungen gestört, die aber mit zunehmender Tiefe ausklingen. Das Feld Bibi-Eibat (s. Abb. 5) liegt auf einer Struktur von 5 km Länge, die durch das Vorhandensein eines begrabenen Schlammvulkans gekennzeichnet ist. Das Feld Lok-Botan dagegen hat in seinem Zentrum noch einen tätigen Schlammvulkan. Verschiedene Geologen vertraten den Standpunkt, daß der Schlammvulkan die Lagerstätten hier zerstört hätte. Die Praxis zeigte aber die Unhaltbarkeit dieser Vorstellungen. Eine Sonde auf diesem Feld hatte z. B. eine Zeitlang eine Tagesförderung von 15000 t Erdöl. Das Feld Binagady hat im Zentrum der Struktur einen Diapir, der aus Tonen des Maikop und des Koun (Eozän) gebildet wird. Die oben aufgeführten Erdölfelder wie alle Felder der Apscheronhalbinsel sind alle durch eine Vielzahl von Verwerfungen gestört, die zu einem großen Teil in der Tiefe ausklingen. Charakteristisch für diese Felder ist weiter, daß das spezifische Gewicht des Öls in den älteren Schichten höher ist als in den jüngeren. Eines von den in der letzten Zeit entdeckten Feldern ist Kara-Dag, das wegen einer Kondensat-Lagerstätte bemerkenswert ist.

Die Erdölförderung Aserbaidshans ist geringer als vor dem Kriege. Aber in den letzten Jahren hat sich die Lage schon verbessert, und die Förderung steigt wieder. Das ist hauptsächlich das Verdienst der Meereserdölfelder, deren Erkundung in der letzten Zeit weit fortgeschritten ist. In den Jahren 1956/57 kam etwa ein Drittel der aserbaidshanischen Erdölförderung aus dem Gebiet des Kaspischen Meeres.

Die Strukturen der Meeresfelder liegen in drei parallelen Ketten östlich der Apscheron-Halbinsel. Die Tiefe der Lagerstätten beträgt 1000–3000 m. Das größte der Meeresfelder, Neftjanye Kamni (Erdölfelsen), befindet sich etwa 100 km vom Ufer. Erdölführend sind hier die gleichen Horizonte wie auf der Apscheron-Halbinsel.

Außer der Apscheron-Halbinsel sind auch andere Gebiete Aserbaidshans Erdölprovinzen; darunter befindet sich die Kura-Senke, das Gebiet von Kirowabad und Kobystan. Hier wird z. T. Öl gefördert. Ölführend sind Pliozän bzw. Miozän bzw. Mesozoikum. Die wichtigsten Aufgaben für die Erkundung sind jetzt, in Aserbaidshan neue Felder im Meer und Lagerstätten in der „Produktiven Serie" der Kura-Senke sowie im Mesozoikum, soweit es in erreichbaren Tiefen lagert, zu erkunden. Dies verspricht im Augenblick dort den größten Erfolg.

Die Geologie Aserbaidshans findet auf dem Ostufer des Kaspischen Meeres in der Westturkmenischen Senke ihre Fortsetzung. Hier befindet sich die „Rote Serie", ein Analogon der „Produktiven Serie" Aserbaidshans. Sie hat eine Mächtigkeit bis zu 2500 m. Darunter lagert Pont, darüber Aktschagyl und Apscheron (oberes Pliozän) und die Baku-Stufe (Quartär). Wichtigster ölführender Horizont ist die „Rote Serie". Dazu kommen Aktschagyl und Apscheron. Die Strukturen sind asymmetrische Antiklinalen und stark gestört. In der Sowjetunion hat man dafür den Begriff „Zerschlagene Teller" geprägt. Das älteste Feld dieses Gebietes, Tscheleken, ist schon seit Ende des vorigen Jahrhunderts in Betrieb.

Weiter östlich, auf dem Territorium der Usbekischen SSR, befindet sich die Buchara-Chiwinski-Senke, ein Element der epiherzynen Tafel. Über dem metamorphen Paläozoikum lagern hier Jura und Unterkreide in mariner Fazies, Oberkreide mit einer Wechsellagerung mariner, literoaler und kontinentaler Sedimente und Tertiär. Auf einigen Feldern wurden hier in der letzten Zeit in Sandsteinen und Karbonaten des Jura und der Unterkreide und in Sandsteinen der Oberkreide Erdöl- und Erdgaslagerstätten erkundet. Besonders bemerkenswert ist das vor ganz kurzer Zeit entdeckte Gasfeld Gasli im Gebiet von Buchara. In den bisher getesteten Horizonten beträgt der Vorrat etwa 400 Mrd. m^3 Gas, das ist mehr als das Doppelte des Vorrates des bisher größten Gasfeldes der SU in Stawropol. Inzwischen wurde dort ein weiteres großes Gasfeld, Jushny Mubarek, entdeckt. Diese in der letzten Zeit gemachten Entdeckungen zeigen, wie perspektiv auch der zentrale Teil der mittelasiatischen Republiken ist. Deshalb werden von der Regierung der UdSSR in den nächsten Jahren große Summen für die Erkundung in den mittelasiatischen Republiken investiert. Das Ausmaß der Erdölerkundung und ihre Resultate in den letzten Jahren haben in keinem Maße den potentiellen Möglichkeiten dieser Gebiete entsprochen. Vor allem wird die Erkundung auf das Gebiet der epiherzynen Tafel (Turkmenien, Usbekistan, Kasachstan) und der Koped-Dag-Vorsenke gerichtet sein.

Ein altes Erdölgebiet ist auch das Fergana-Tal (Usbekistan). Die Förderung ist allerdings nicht sehr groß. Geologisch gesehen ist das Fergana-Tal eine Innensenke, deren Fundament aus gefaltetem Paläozoikum gebildet wird und die von paläozoischen Faltenzügen umrandet ist. Im zentralen Teil der Senke tritt Pliozän an die Oberfläche, in den Randgebieten Mesozoikum. Vom Pliozän bis zum Alb, das über Jura transgrediert, werden 20 ölführende Horizonte angetroffen. Als Speicher dienen Sandsteine und Karbonate.

Einen wichtigen Platz nimmt Sibirien in der Erdölerkundung der UdSSR ein. Auf der Westsibirischen epiherzynen Tafel wurde bisher eine Reihe von Gasfeldern im Gebiet von Berjosowo erkundet. Hier liegt auf dem metamorphen und gefalteten Paläozoikum Unterkreide. Gasführend ist Neokom. Auf dem Gebiet der Ostsibirischen präkambrischen Tafel konnte bisher noch keine Lagerstätte erkundet werden, obwohl schon mehrere Bohrungen in verschiedenen Gegenden Gasausbrüche hatten. Die größten Perspektiven sind an die Werchojansk-Vorsenke und die Lena-Wiljui-Senke geknüpft. Hier ist die Erkundung auf das Mesozoikum gerichtet. Im Gebiet des sogenannten Irkutsker Amphitheaters wird das Kambrium erkundet.

Zusammenfassend kann man sagen, daß die grandiosen Aufgaben, die der sowjetischen Erdölindustrie gestellt worden sind, vor allem durch die großen Erdölvorräte des Wolga/Uralgebietes realisierbar sind. Auf der anderen Seite ist es erforderlich, in anderen Teilen der Sowjetunion neue Erdölvorräte zu erschließen. Zu solchen Gebieten gehören in erster Linie Mittelasien und Sibirien. Deshalb wird hier in den nächsten Jahren die Erkundung besonders vorangetrieben. Aber auch in den alten Erdölgebieten wird die Erkundung erweitert, und es ist mit Sicherheit zu sagen, daß die UdSSR bald den ersten Platz in der Erdölförderung einnehmen wird.

Über die Methodik der systematischen Gestaltung paläogeographischer Karten

Im Zusammenhang mit Prognosen der Erdöl- und Erdgasführung[1])

L. A. POLSTER & R. S. BESBORODOW

Zur Einschätzung der Erdöl- und Erdgashöffigkeit großer Gebiete benötigt man eine ganze Reihe zusammenfassender geologischer Dokumente. Wie die Erfahrung bei den Untersuchungen der letzten Jahre gezeigt hat, spielen unter diesen Dokumenten Karten der Verteilung der Mächtigkeiten, der Veränderung der lithologischen Zusammenfassung und der Fazies eine bedeutende Rolle; sie werden für die einzelnen lithologisch-stratigraphischen Komplexe der Ablagerungen konstruiert. Eine Serie solcher Karten charakterisiert die Hauptetappen der geologischen Entwicklung des Untersuchungsgebietes.

Fazies- und Mächtigkeitskarten wurden von vielen Forschern (siehe Literatur) zu verschiedenen Zwecken zusammengestellt. Viele von diesen Karten lagen großen monographischen Arbeiten zugrunde, die das Ergebnis langjähriger Untersuchungen waren.

Die Entwicklung der Bohrtätigkeit und die Arbeiten auf dem Gebiet der Stratigraphie, Lithologie und Paläoökologie ergaben ständig neue Kenntnisse über die lithologisch-fazielle Charakteristik und die Mächtigkeiten der Ablagerungen. In Zusammenhang damit erweist es sich als notwendig, die existierenden Schemata auf Grund weiterer Generalisierung unter Heranziehung aller neueren Unterlagen zu überprüfen.

Bei einer solchen Durchsicht der geologischen Dokumente muß man auf das ursprüngliche Tatsachenmaterial zurückgehen. Leider sind die vorhandenen Fazies- und Mächtigkeitskarten, sowohl die veröffentlichten als auch die in den Archiven vorhandenen, in der Regel nicht mit Tatsachenmaterial versehen (BJELOÜSSOW 1939—1940 und CHAIN 1950). In anderen Fällen ist das Tatsachenmaterial derart angeführt, daß es äußerst schwer zu benutzen ist (KASAKOW 1956, KONJUCHOW 1955 und RONOW 1949). Deswegen war es bei den in den Jahren 1952—1955 von der Komplexen Nordkaukasus-Erdöl-Expedition (KSKNE) der Akademie der Wissenschaften der UdSSR durchgeführten Arbeiten bisweilen nicht möglich, die Unterlagen der früheren Forscher zu benutzen.

Bei der Konstruktion der Karten wurden verschiedene Quellen, im wesentlichen Archivmaterial, benutzt und durch persönliche Feldbeobachtungen dieses oder jenes Verfassers ergänzt. Bei der Generalisierung der gesammelten Unterlagen und bei der Zusammenstellung der Serie von Karten gleicher Mächtigkeiten, Karten der lithologischen Zusammensetzung und der Fazies der meso- bis känozoischen Ablagerungen des östlichen Kaukasusvorlandes wurde von der Expedition die im folgenden vorgelegte Methodik der Sammlung und systematischen Darstellung des Tatsachenmaterials ausgearbeitet.

Es wurde die Zusammenstellung einer bibliographischen Kartei der Veröffentlichungen oder Archivarbeiten organisiert, die als Quelle für die Angaben dienten. Die Karteikarten wurden in der allgemein üblichen Anordnung ausgefüllt. Zur bequemeren weiteren Arbeit wurden auf den Karteikarten die Zeichen der Bibliothek oder der Archive, der Umfang der Arbeit in Seiten und die Menge der graphischen Anlagen angegeben.

Hauptausgangsmaterial für das Zusammenstellen der Karten sind die für Aufschlüsse oder Bohrungen aufgestellten Profile. Das Sammeln der Unterlagen über die Profile ist eine sehr mühevolle Arbeit. Darum ist es besonders wichtig, dieses Material in solchen Formblättern zu systematisieren, die sowohl für die tägliche Arbeit des Zusammenstellenden als auch für die nachfolgende Überprüfung des Materials bequem sind.

Muster solcher Formblätter sind in Abb. 1 und 2 angeführt.

Vor allem wird auf den angeführten Formblättern die Bezeichnung des Kartenblattes im Maßstab 1:1000000 angegeben. Je nach dem Grade der Detailliertheit der Arbeiten kann sich der Maßstab der zusammengestellten Karten ändern. Was die Profilkartei betrifft, so soll sie nach Kartenblättern 1:1000000 eingeteilt werden. Die Erfahrung mit dem Material bei der Konstruktion der Karten hat gezeigt, daß die Anwendung einer laufenden Numerierung der Beobachtungspunkte auf den Karten zu Verwirrungen führt. Die Punkte sind auf den Karten schwer aufzufinden; es kommen Nummern doppelt oder dreifach vor; es erscheinen Nummern mit den Indizes a, b usw. Darum wurde bei der Zusammenstellung der Karten des Tatsachenmaterials für das östliche Kaukasusvorland an Stelle der laufenden Numerierung der Profile ein System der Benennung jedes Punktes angewendet. Für die Bohrung dient als Benennung ihre Nummer und die Bezeichnung des Bezirkes oder der Fläche, für Aufschlüsse eine Bezeichnung nach einem nahegelegenen Siedlungspunkt, Fluß, Brunnen, nach einer nahegelegenen Schlucht usw.

Um dieses oder jenes Profil (Punkt) auf der Karte leichter wiederzufinden, muß auf den Formblättern Nr. 1 und 1a (Abb. 1 und 2) außer der Benennung auch eine Ortsangabe des Profiles, die seine Lage erklärt, angegeben werden.

Wenn man in die Lage kommt, als Ausgangsmaterial nicht ursprüngliche Angaben zu benutzen, sondern zusammenfassende Arbeiten, in denen das Material schon in gewissem Grade systematisiert ist, so sind die Quellen der Angaben anzugeben. In solchen Fällen werden die Profile in der Regel mit laufenden Nummern versehen. Damit man während der Arbeit wie auch im folgenden leicht auf die Quelle der Angaben zurückgehen und die Ausgangsdaten nachprüfen kann, ist auf den Formularen eine Spalte „Quelle der Angaben und Nummer des Punktes in derselben" angeführt.

Bekanntlich basiert die Aufstellung irgendwelcher zusammenfassender geologischer Dokumente auf einem für den betreffenden Bezirk üblichen einheitlichen stratigraphischen Schema. Berücksichtigt man die fazielle Veränderlichkeit der Ablagerungen, die in der Regel innerhalb eines großen Gebietes zu beobachten ist, so kann ein vereinheitlichtes stratigraphisches

[1]) O metodike sistematisatzii materialow dlja paleogeografitscheskich kart (w swjasi s prognosami neftegasonosnosti). — Nowosti neftj. tech., geologija, Moskwa, 1958, 3, S. 23—30. Deutsche Übersetzung H. KÖLBEL.

Schema für sich allein die richtige stratigraphische Gliederung der auf einem beträchtlichen Territorium verstreuten Profile nicht gewährleisten. Als stratigraphische Grundlage für die Konstruktion paläogeographischer Karten wurden von der KSKNE regionale Schemata zur Korrelation der geologisch-geophysikalischen Profile angewandt. Für die Bezirke der Expedition des östlichen Kaukasusvorlandes wurden solche Schemata zur Korrelation der Profile unter Benutzung von Angaben über Bohrungen und Aufschlüsse zusammengestellt. Diese Schemata gestatten es, den Umfang dieses oder jenes lithologisch-stratigraphischen Komplexes in verschiedenen Bezirken des erwähnten Territoriums genau anzugeben.

Man muß unterstreichen, daß man in der allerersten Etappe des Sammelns des Tatsachenmaterials herausbekommen muß, wieweit die vorhandene stratigraphische Gliederung wie auch die verschiedenen Varianten solcher Gliederungen begründet sind. Das letztere ist deswegen sehr wichtig, damit man in der Folge dieses oder jenes der vorgelegten Gliederungsschemata kritisch einschätzen und das begründetste von ihnen auswählen kann. Außerdem führen die Autoren in zusammenfassenden Arbeiten oft ein stratigraphisches Schema an, bei dem sie Angaben anderer Forscher benutzen. In diesem Falle ist es notwendig, auf den Verfasser zu verweisen, der die entsprechenden stratigraphischen Untersuchungen durchgeführt hat. Darum ist in den Formblättern Nr. 1 und 1a (Abb. 1 und 2) eine Spalte vorgesehen, die herausstellt, nach welchen Angaben und von wem insbesondere die stratigraphische Gliederung des Profiles durchgeführt worden ist.

Auf der Rückseite der Karteikarten wird außer den gewöhnlichen Angaben über das geologische Alter, die Tiefe und die Mächtigkeit eine kurze Beschreibung des Profiles angeführt. Sie soll nicht eine Beschreibung nach einzelnen Schichten sein, sondern eine Beschreibung des generalisierten Profiles, in welchem innerhalb dieser oder jener stratigraphischen Gliederung bestimmte charakteristische Pakete nach lithologischen Merkmalen ausgeschieden sind. Von einem solchen verallgemeinerten Profil kann man leicht zur Ausgliederung lithologischer Typen von Profilen übergehen. Dies wäre die nächste Stufe zur Generalisierung des Tatsachenmaterials. Bei der Beschreibung der Pakete wird eine Liste der in der betreffenden Profilstrecke gefundenen Leitfauna angeführt. Dies macht es oft möglich, die vorhandene stratigraphische Gliederung bei der Konstruktion der Karten zu überprüfen.

Der Vorzug der von der KSKNE gewählten Form der Profilbeschreibung im Vergleich zu den gewöhnlichen Formen der Kataloge für einzelne stratigraphische Horizonte besteht darin, daß in dem vorgeschlagenen Formular das Profil gänzlich angeführt wird. Dies gibt die Möglichkeit, den Charakter der Kontakte zwischen den einzelnen Horizonten zu beurteilen und bei der Konstruktion der Karten die vorhandenen Diskordanzen zu berücksichtigen.

In den Fällen, in denen mehrere Varianten der stratigraphischen Gliederung ein und desselben Profiles vorhanden sind, muß für jede Variante eine besondere Karteikarte ausgefüllt werden.

Die Signatur für den lithologischen Typ des Profiles wird für diejenigen lithologisch-stratigraphischen Komplexe dargestellt, für welche die einzelnen Karten zusammengestellt werden.

Beispiele für die Ausfüllung der Formblätter sind hier angeführt (Abb. 1 und 2).

Eine derart gestaltete Profilkartei ist das Grundmaterial der Ausgangsdaten und dient als Basis für alle weiteren Konstruktionen. Eine solche Form der systematischen Darstellung des Tatsachenmaterials gestattet es, zu beliebiger Zeit die vorhandenen Konstruktionen zu überprüfen, wenn neue Angaben eingehen.

Die folgende Etappe der Arbeit bei der Systematisierung der Ausgangsdaten ist die Zusammenstellung einer Karte des Tatsachenmaterials.

Die Grundlage für die Karte des Tatsachenmaterials soll eine auf das Relief aufgetragene geologische Karte sein. Dies ist deshalb notwendig, weil es ohne geologische Grenzen unmöglich ist, die für die Aufschlüsse und manchmal auch für Bohrungen aufgestellten Profilpunkte genau einzutragen. Das Fehlen einer gemeinsamen Karte des Tatsachenmaterials für eine ganze Serie paläogeographischer Karten führt häufig dazu, daß die Profilpunkte für Bohrungen auf den Karten für verschiedene Horizonte an verschiedenen Stellen erscheinen.

Beim Auftragen der Profilpunkte auf die Karte werden mit besonderen Signaturen die Profile für Bohrungen, die zusammenfassenden Profile für Gruppen von Bohrungen, die Profile für Aufschlüsse und die zusammenfassenden Profile für Aufschlüsse, die auf einer großen Fläche verstreut sind, ausgeschieden.

Jedem auf der Karte des Tatsachenmaterials eingetragenen Punkt entspricht eine eigene Karteikarte in der Profilkartei. Gleichzeitig wird die Benennung des Profiles aus der entsprechenden Spalte der Karteikarte neben den Punkt auf der Karte geschrieben. So gibt es auf der Karte des Tatsachenmaterials wie auch in der Profilkartei keine laufende Numerierung der Punkte. Dies gestattet es, während der Arbeit an den Karten neue Profilpunkte hinzuzufügen und unnötige zu beseitigen.

Die folgende Etappe der Arbeit ist die Zusammenstellung der Karten der Mächtigkeiten, der lithologischen Zusammensetzung und der Fazies der einzelnen stratigraphischen Komplexe. Ohne von der Methodik des Zusammenstellens der Karten selbst zu reden, muß man unterstreichen, daß zu diesen als Beilage unbedingt ein Katalog der Profilpunkte gehört (Formblatt Nr. 2, Abb. 3). In diesem Katalog sind dieselben Angaben enthalten wie auf den Formblättern Nr. 1 und 1a, mit Ausnahme der Profilbeschreibung. Das gesamte Material wird im Katalog nach den stratigraphischen Horizonten gegliedert, nach denen die paläogeographischen Karten zusammengestellt werden.

Wenn die Mächtigkeit eines Horizontes unvollständig ist, muß angegeben werden, aus welchen Gründen ein Teil des Profiles fehlt. Es sind folgende drei Fälle möglich:

1. Der obere Teil des Horizontes fehlt infolge nachfolgender Abtragung der Ablagerung: $\widetilde{127}$;

2. die Mächtigkeit ist unvollständig infolge Fehlens von Angaben für den oberen Teil des Profiles: $\underset{\cdots\cdots}{127}$;

3. die Mächtigkeit ist unvollständig wegen Fehlens von Angaben für den unteren Teil des Profiles: $\overset{\cdots\cdots}{127}$.

Im Falle vollständigen Fehlens der Ablagerungen muß an dem betreffenden Punkt angegeben werden, welche Ablagerungen im Profil fehlen, z. B. Cr_1/I_2. Der auf dem üblichen Formblatt zusammengestellte Katalog ist das Bindeglied zwischen der Profilkartei und den

KJUGE
Ak. Wiss. UdSSR Formblatt Nr. 1

Bezeichnung des Kartenblattes 1:1000000 .... *L—37* ....

BOHRPROFIL

Benennung und Nr., unter der
die Bohrung niedergebracht wurde .... *R—8* ....
.... *Barakajew-Feld* ....

Von wem und wann gebohrt .... *Trust Krasnodarnefterazwedka 1953* ....

Lage .... *4,5 bis 5,0 km südlich von Gubskaja* ....
.... *zwischen den Flüssen Gubs und Chods* ....

Quelle der Angaben
und Nr. des Punktes nach dieser ....

Koordinaten .... Höhe .... *173,3* m ....

Nach welchen Angaben, von wem
und wann wurde das Profil
stratigraphisch gegliedert
.... *R. S. Besborodow nach Ergebnissen der* ....
.... *Bestimmung der Makrofauna durch G. J. Krymgolz*
.... *und nach Vergleich der Bohrlochmeßdiagramme 1957*

Bemerkungen .... *Für die Bohrung ist das Bohrlochmeßdiagramm* ....
.... *vorhanden. Im lithologisch-bituminologischen Laboratorium* ....
.... *des KJUGE liegen Ergebnisse von Korngrößenanalysen,* ....
.... *Analysen der Tonminerale und der dispersen organischen Substanz*
.... *der Gesteine vor.* ....

BOHRPROFIL

Geologisches Alter	Tiefe		Kurze Beschreibung des Profils	Wahre Mächtigkeit in m	Signatur des lithologischen Typs des Profils
	von	bis			
Oberer Jura, Callovien	*810,0*	*862,0*	*Oben sandiger Kalkstein; unten sandige Schluffsteine und Tone*	*51*	
Mittlerer Jura, Bajocien	*862,0*	*1110,0*	*Eintönige Folge grauer und dunkelgrauer Tonsteine mit vereinzelten Zwischenlagen von Sandsteinen und Schluffsteinen und mit Toneisensteinkonkretionen*	*248*	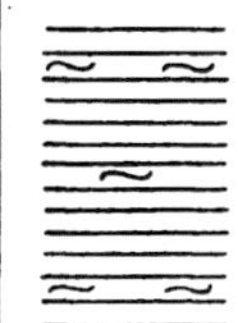
Mittlerer Jura, Oberes Aalénien	*1110,0*	*1170,0*	*Wechsellagerung von Tonsteinen und grauen und hellgrauen Quarz-Feldspat-Sandsteinen mit viel Biotitplättchen*	*60*	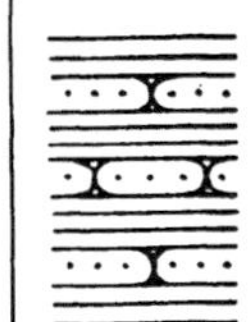
Unterer Jura, Unteres Aalénien	*1170,0*	*1320,0*	*Folge dunkelgrauer, fast schwarzer Tonsteine mit Zwischenlagen von Schluffsteinen. Fauna Leioceras opalinum.* REIN	*150*	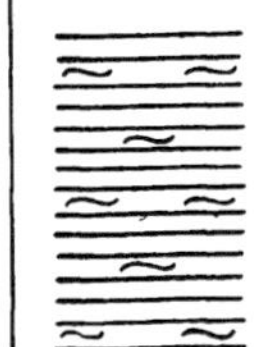

23. August 1956 Karte aufgestellt von *R. S. Besborodow*

Abb. 1

KJUGE
Ak. Wiss. UdSSR   Formblatt Nr. 1a

Bezeichnung des Kartenblattes 1:1000000 .... *K—38* ....

AUFSCHLUSSPROFIL

Benennung des Profils .... *Tschegem-Fluß* ....

Lage .... *Profil im Tale des Tschegem-Flusses, 2,0—2,5 km* ....
.... *flußabwärts vom Dorfe Aktoprak* ....

Quelle der Angaben
und Nr. des Punktes nach dieser .... *N. A. Konjuchow „Lithologie der* ....
.... *mesozoischen Ablagerungen des nordöstlichen Kaukasus und* ....
.... *Kaukasusvorlandes im Zusammenhang mit der Erdölführung. 1955.*
.... *Archive MGU. Doktordissertation.*

Nach welchen Angaben,
von wem und wann wurde das Profil
stratigraphisch gegliedert
.... *J. A. Konjuchow nach Ergebnissen der Bestimmung der Makrofauna*
.... *durch G. J. Krymgolz 1953* ....

Bemerkungen .... *Für das Profil liegen Korngrößenanalysen,* ....
.... *Schliffbeschreibungen und bituminologische Lumineszenzanalysen vor.*

AUFSCHLUSSPROFIL

Geologisches Alter	Kurze Beschreibung des Profils	Mächtigkeit in m	Signatur des lithologischen Typs des Profils
Oberer Jura, Callovien	*Paket mit Wechsellagerung von Sandsteinen und Tonsteinen. Macrocephalites pila* NIC., *Cosmosceras castor* REF.	*40*	
Mittlerer Jura, Bajocien	*Eintönige Folge dunkelgrauer Tonsteine mit Toneisenstein-Konkretionen und mit seltenen geringmächtigen Zwischenlagen (1—10 cm) von grauen Schluffsteinen. Witchellia-romani* OPP., *Stephanoceras scalare* MASKE	*700*	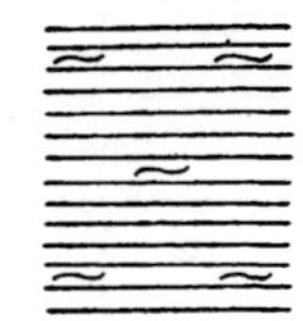
Mittlerer Jura, Oberes Aalénien	*Paket von Fein- bis Mittel-, stellenweise Grobsandsteinen, grau und dunkelgrau, unten kohleführend, mit einzelnen Zwischenlagen von dunkelgrauen Tonsteinen*	*200*	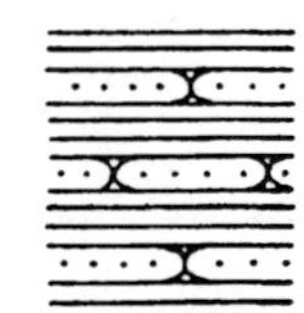
Unterer Jura, Unteres Aalénien	*Tonsteine, dunkelgrau, mit Toneisensteinkonkretionen, mit Zwischenlagen von Schluffsteinen und mit Unterbrechungshorizonten*	*70*	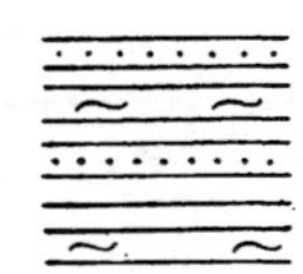

15. August 1956   Karte aufgestellt von *R. S. Besborodow*

Abb. 2

KJUGE Ak. Wiss. UdSSR — Formblatt Nr. 2

Katalog der Punkte
für die Zusammenstellung paläogeographischer Karten des östlichen Kaukasusvorlandes
(Ablagerungen des Mittleren Jura)

Katalog aufgestellt von.........

Benennung des Profils	Bezeichnung des Kartenblattes 1:1000000	Signatur des Profils auf der Karte	Oberes Aalénien		Bajocien + Bathonien		Gesamtmächtigkeit der mitteljurassischen Ablagerungen in m	Quelle der Angaben (Autor u. Jahr)
			Mächtigkeit in m	Signatur des lithologischen Typs des Profils	Mächtigkeit in m	Signatur des lithologischen Typs des Profils		
Tschegem-Fluß	*K — 38*	-⊙-	*200*		*700*		*900*	*I. A. Konjuchow, 1955*
Bohrg. R—8 Barakajew-Feld	*L — 37*	⊙	*60*		*248*		*308*	*R. S. Besborodow 1957*

Abb. 3

paläogeographischen Karten. Er muß dem Atlas der Karten bei ihrer endgültigen Formgebung beigelegt werden.

Ein Muster für die Ausfüllung des Formblattes Nr. 2 ist in Abb. 3 angeführt.

Derart muß das Tatsachenmaterial für die Zusammenstellung paläogeographischer Karten in Form einer bibliographischen Liste, einer Profilkartei, einer Karte des Tatsachenmaterials und eines Kataloges der Punkte systematisch niedergelegt werden.

Literatur

BJELOUSSOW, W. W.: Der Große Kaukasus. — Trudy CNIGRI, wyp. 108, 126 u. 130 (1930–1940).

BROD, I. O. & MASAROWITSCH, A. N.: Die geologische Bezirkseinteilung der Öl- und Gashöffigkeit des europäischen Teiles der UdSSR (Bericht über den Vertrag mit dem WNII Gas). — Bd. 1, 2, 3, Archive MGU, 1948.

BROD, I. O. u. a.: Geologische Bezirkseinteilung des östlichen Kaukasus-Vorlandes (Geologischer Bau und geologische Geschichte). — Archive KJUGE, 1955.

CHAIN, W. E.: Die geotektonische Entwicklung des Südost-Kaukasus. — Asnefteisdat, 1950.

KASAKOW, M. P.: Der tektonische Bau der Kaspischen Senke in Zusammenhang mit ihrer Öl- und Gasführung. — Archive KJUGE, 1956.

KONJUCHOW, I. A.: Die Lithologie der mesozoischen Ablagerungen des nordöstlichen Kaukasus und Kaukasusvorlandes im Zusammenhang mit der Erdölführung. Doktordissertation. — Archive MGU, 1955.

RONOW, A. B.: Geschichte der Sedimentation und der Oszillationen im europäischen Teil der UdSSR. — Isd. Akad. Nauk SSSR, 1949.

WASSOJEWITSCH, N. B. u. a.: Stratigraphie, Lithologie und Fazies der Tschokrak- und Karagan-Ablagerungen des Nordost-Kaukasus. — Archive KJUGE, 1955.

Ein calamitoider Pflanzenrest aus Tonschiefern nördlich Walbeck/Ostharz

W. STEINER, Halle

1. Zusammenfassung

In den tektonisch stark beanspruchten und schwach regionalmetamorph überprägten Tonschiefern nördlich Walbeck wurde ein calamitoider Pflanzenrest gefunden. Der Pflanzenrest ist für sich allein genommen völlig bedeutungslos. Wenn der Rest trotzdem beschrieben werden soll, so nur deshalb, weil er in Tonschiefern gefunden wurde, für die bisher ein unterdevonisches Alter angegeben wurde. Bekanntlich ist die Flora des Unter- und Mitteldevons eine Psilophytenflora. Längsstreifige Stammreste wie der vorliegende Pflanzenrest sind aber mit den meist krautigen Psilophyten nicht zu vergleichen. Es ist also naheliegend, den vorliegenden Rest mit den von zahlreichen Autoren abgebildeten längsstreifigen Achsen aus dem Oberdevon und Unterkarbon zu vergleichen.

Somit ist das bisher unterdevonische Alter (Unterems) der Tonschiefer nördlich Walbeck sehr fraglich geworden. Das Alter dieser Schiefer sollte Oberdevon oder gar Unterkarbon sein.

2. Geologische Situation

Die Umgebung von Walbeck, die mit ihrer flachwelligen Hochfläche morphologisch ganz allmählich vom östlichen Unterharz zum Harzvorland überleitet, wird aufgebaut aus einer Gesteinsserie, die vorwiegend aus dunklen Tonschiefern mit eingelagerten Grauwacken, Kalken, Lyditen und Kieselschiefern besteht. Diese sind vor allem in den Tälern relativ gut aufgeschlossen, während auf den Hochflächen der Würm-Löß eine große Verbreitung besitzt und vielfach den älteren Untergrund verhüllt. Diese Gesteine, die im Raum Walbeck teilweise durch Einflüsse der permokarbonischen Landoberfläche intensiv gerötet sind, werden vor allem auf Grund petrographischer Vergleiche dem Unterdevon (Unterems) zugerechnet. Die eingelagerten klotzigen Kalke werden mit Herzynkalken verglichen, die weiter im Westen große Faunen geliefert haben. Von G. FISCHER (1934, S. 14) und W. SCHRIEL (1954, S. 263) wurde aber darauf hingewiesen, daß neben dem Unterdevon auch Gesteine anderen Alters in dieser Serie vertreten sein können. Diese Auffassung hat M. REICHSTEIN (1959) durch Untersuchungen an Conodonten für die eingelagerten Kalke nachweisen und belegen können Der hier beschriebene Pflanzenrest gestattet, auch für die Tonschiefer eine neue Alterseinstufung wahrscheinlich zu machen.

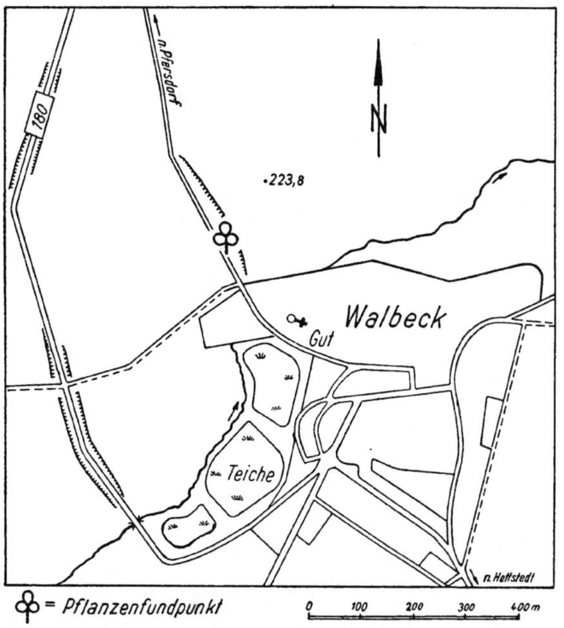

Abb. 1. Lage des Pflanzenfundpunktes

3. Beschreibung des Fundpunktes

Bei einer Geländebegehung am 5. 1. 1959[1]) fand Verfasser in Tonschiefern nördlich Walbeck in einem Aufschluß an der alten Straße von Schloß Walbeck nach Pfersdorf (Abb. 1) einen Pflanzenrest, der unter Kap. 4 besprochen wird. Hier zunächst eine kurze Beschreibung des Fundpunktes.

Auf der Ostseite des Weges von Walbeck nach Pfersdorf stehen in einer wenige Meter hohen Böschung graue Tonschiefer an. Im untersten Teil dieses Aufschlusses wurde der Pflanzenrest gefunden. Die dunkelgrauen, stellenweise etwas grünlich gefärbten Tonschiefer sind durch eine starke tektonische Beanspruchung[2]) sowie geringe Einflüsse der Ostharzmetamorphose etwas phyllitisch. Sie besitzen einen silberigen Glanz und fassen sich fettig an. Der Schiefer ist stark zerquetscht, so daß er oft nicht ebenflächig spaltet, sondern sich an wellig verbogenen Flächen ablöst. Stellenweise ist der Schiefer stark geklüftet. Die Schieferung streicht 10 bis 80°, im Mittel ca. 50° und fällt mit 10 bis 15° vornehmlich nach SE ein.

In diesen Tonschiefern treten gelegentlich einige Dezimeter große Linsen eines blaugrauen kristallinen Kalkes auf. Daneben finden sich in dem Tonschiefer ab und zu 1 bis 2 cm große Quarzitgerölle.

4. Beschreibung des Pflanzenrestes

Auf einer Platte grauen, an den Schieferungsflächen silbrig glänzenden Tonschiefers fand sich annähernd parallel zu einer Schieferungsfläche liegend der calamitenartige Pflanzenrest (Abb. 2 und 3). Er ist völlig plattgedrückt und hebt sich von den grauen Tonschiefern durch seine rostrote bis rostbraune Farbe gut ab. Der Pflanzenrest hat eine größte Länge von 55 mm und eine größte Breite von 25 mm.

Der Pflanzenrest wird charakterisiert durch eine deutliche Längsstruktur. Die besonders im schräg auffallenden Licht gut sichtbaren, 0,5—1 mm breiten Längsstreifen sind schwach erhaben. Der Abstand zwischen den einzelnen Längsstreifen beträgt 1—2 mm. Während die etwas vorstehenden Längsstreifen glatt sind, ist die Oberfläche der wenig eingesenkten Zwischenfelder rauh. An der einen Hälfte des Pflanzenrestes sind zwei Querlinien angedeutet, die etwas schräg zur Längsachse über den Pflanzenrest hinwegziehen. Der Abstand zwischen den beiden Querlinien beträgt 11 mm. Die Längsstreifen werden an diesen Querlinien nicht versetzt.

5. Zugehörigkeit des Pflanzenrestes[3])

Derartige längsstreifige Stammreste sind von der meist krautigen Psilophytenflora des Unter- und Mitteldevons nicht bekannt. Allenfalls kämen die mitteldevonischen Gattungen *Pseudosporochnus* und *Aneurophyton* als annähernde Vergleiche in Frage. Aber auch diese Reste haben im allgemeinen nicht eine derartige pseudocalamitoide Längsstreifung. Es bleibt also nichts anderes übrig, als diesen Rest mit den von zahlreichen Autoren aus dem Oberdevon abgebildeten längsstreifigen Achsen und den unterkarbonischen *Asterocalamites*-Steinkernen zu vergleichen.

Ein Vergleich mit den von W. GOTHAN & F. ZIMMERMANN 1932 (Taf. 12, Fig. 1—4 und Taf. 13, Fig. 1) aus dem Oberdevon von Bögendorf in Schlesien und von F. STOCKMANS 1948 (Taf. XIV, Fig. 1—4) abgebildeten längsstreifigen Stengeln aus oberdevonischen Schichten Belgiens ist am naheliegendsten. Es könnte sich hier um Reste von *Pseudobornia*, *Sphenophyllum articulatum* NATHORST oder ähnlichen oberdevonischen Pflanzenresten handeln.

Daneben ist eine mögliche Zugehörigkeit zu calamitoiden *Knorria*-Formen von *Cyclostigma* HAUGHTON nicht ausgeschlossen. Derartige calamitoide *Knorria* von *Cyclostigma* haben POTONIE 1901 (S. 49, Fig. 21) und NATHORST 1894 (Taf. XV, Fig. 1 u. 2) beschrieben. Die Zugehörigkeit derartiger calamitoider *Knorria* zur Gattung *Cyclostigma* ist an den von POTONIE 1901 (S. 35, Fig. 14) abgebildeten Formen deutlich zu sehen, wo einwandfreie *Cyclostigma*-Strukturen mit schräggestellten Blattnarben an einem Stück allmählich zur calamitoiden *Knorria*-Struktur übergehen.

Nach den parallel laufenden Längsstreifen, die geradlinig, ohne gegeneinander versetzt zu werden, durch die schwach angedeuteten Querlinien (Nodiallinien?) durchlaufen, könnte es sich bei dem beschriebenen Pflanzenrest auch um einen zusammengedrückten Marksteinkern der Gattung *Asterocalamites* handeln. Es bestehen Ähnlichkeiten zu den von WEISS 1885 (Taf. VII, Fig. 1 u. 2) und von POTONIE 1901 (Fig. 48 und Fig. 51) abgebildeten Asterocalamiten.

6. Folgerungen

Wenn auch eine Zugehörigkeit des Pflanzenrestes zu einer bestimmten Gattung nicht sicher fest-

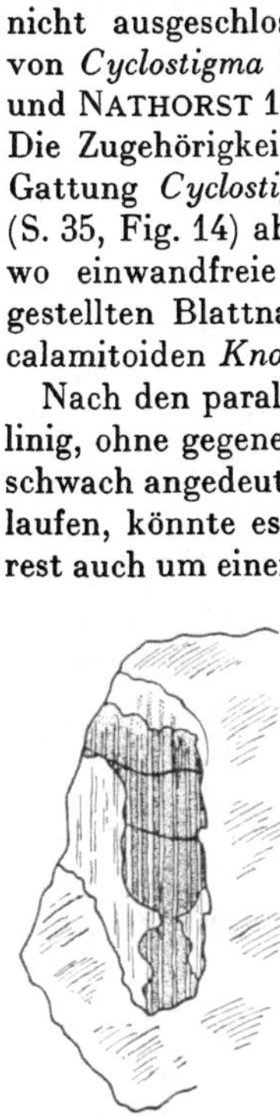

Abb. 2. Der calamitoide Pflanzenrest aus Tonschiefern nördlich Walbeck (del. STEINER)

---

[1]) An der Geländebefahrung nahmen Dr. M. REICHSTEIN, Dipl.-Geol. H. K. BRÜHL, Dipl.-Geol. G. ROSENBERGER und der Verfasser teil.

[2]) Zwischen Walbeck und Pfersdorf soll nach G. FISCHER die Grenze der „Unterdevon-Mulde" zum Hauptsilursattel in Form einer großen Bewegungszone verlaufen, die sich in einer starken Beanspruchung der Gesteine, Verknetungen und Verquarzungen, anzeigt.

[3]) Für paläobotanische Hinweise danke ich Dr. R. DABER (Berlin) und Dipl.-Geol. M. BARTHEL (Halle/S.)

Abb. 3. Man erkennt deutlich die schwach erhabenen Längsstreifen und die in der oberen Hälfte angedeuteten Querlinien (Nodiallinien?)

zulegen ist, (siehe Abschn. 5), so ist doch das unterdevonische Alter der Tonschiefer von Walbeck sehr in Frage gestellt. Es ist wahrscheinlich geworden, daß die Tonschiefer in das Oberdevon bis tiefere Unterkarbon eingestuft werden müssen.

Man sieht an diesem Beispiel, daß ein unter Umständen völlig bedeutungsloser Pflanzenrest wertvolle stratigraphische Hinweise zu geben vermag.

Literatur

FISCHER, G.: Erläuterungen zu Blatt Leimbach 1:25000. – (Nr. 4334, II. Auflage) Berlin 1934.

GOTHAN, W. & F. ZIMMERMANN: Die Oberdevonflora von Liebichau und Bögendorf (Niederschlesien). – Arb. a. d. Inst. f. Paläobotanik u. Petrog. d. Brennsteine, Bd. 2, H. 2, S. 103–133, Berlin 1932.

GOTHAN, W. & F. ZIMMERMANN: Weiteres über die alt-oberdevonische Flora von Bögendorf–Liebichau bei Waldenburg. – Jb. Preuß. Geol. Landesanst. f. 1936, Bd. 57, S. 487–506, Berlin 1937.

HEER, O.: Fossile Flora der Bäreninsel. – Kgl. Svenska Vet. Akad. Handlingar Bd. 9, Nr. 5, Stockholm 1871.

HUCKENHOLZ, H. G.: Über Cyclostigma-führende Schichten bei Lindenberg–Straßberg im Selketal des Unterharzes und ihre Beziehungen zum Hauptzug der Tanner Grauwacke. – Hall. Jb. f. Mitteld. Erdg. Bd. 3, H. 1, S. 20–53, Halle 1958.

MÄGDEFRAU, K.: Zur Oberdevon- und Kulmflora des östlichen Thüringer Waldes. – Beiträg. Geol. v. Thürin. H. 1–6, S. 213–216, Jena 1940.

NATHORST, A. G.: Zur Paläozoischen Flora der arktischen Zone. – Kgl. Svenska Vet. Akad. Handlingar, Bd. 26, No. 4, Stockholm 1894.

NATHORST, A. G.: Zur oberdevonischen Flora der Bäreninsel. – Kgl. Svenska Vet. Akad. Handlinger 36, Nr. 3, Stockholm 1902.

POTONIE, H.: Die Silur- und Kulmflora des Harzes und des Magdeburgischen. – Abh. d. Preuß. Geol. L. A., N. F. 36, Berlin 1901.

REICHSTEIN, M.: Das Devon der Metamorphen Zone bei Walbeck. – Geologie, H. 4, Berlin 1959.

SCHRIEL, W.: Die Geologie des Harzes. Schriften der Wirtschaftswissenschaftlichen Gesellschaft zum Studium Niedersachsens E. V. – N. F. Bd. 49, Hannover 1954.

STOCKMANS, F.: Végétaux du Dévonien Supérieur de la Belgique, Verhandelingen v. h. Koninklijk Naturhistorisch Museum v. Belgié, (Mémoires du Mesée Royal d'histoire Naturelle de Belgique). – Verhandeling Nr. 110, S. 1–83, Brüssel 1948.

VOLK, M.: Das Oberdevon am Schwarzburger Sattel zwischen Südrandspalte und Kamm des Thüringer Waldes. – Sitz.-Ber. Phys.-Med. Sozietät 70, Erlangen 1938.

WEISS, E.: Zur Flora der ältesten Schichten des Harzes. – Jb. Preuß. Geol. L. A. f. 1884, S. 148–180, Berlin 1885.

Die Basispartien des Mittleren Buntsandsteins im Bereich der Meßtischblätter Allstedt, Artern, Sangerhausen und Ziegelroda

WOLFGANG JUNG, Sangerhausen

Einleitung

Praktische Belange machten es erforderlich, im Jahre 1957 zwei der laufenden Kupferschiefer-Untersuchungsbohrungen im Bereich der Sangerhäuser Mulde und im westlich angrenzenden Gebiet der Hermundurischen Scholle im Mittleren Buntsandstein kernen zu lassen. Entsprechend dem Ansatzpunkt dieser Bohrungen wurden lediglich jeweils die Basispartien des Mittleren Buntsandsteins erbohrt.

Um zu dokumentieren, daß sich nach den neuen Gliederungsprinzipien auch östlich der bisher behandelten Gebiete der Mittlere Buntsandstein in der gleichen Weise gliedern läßt, wird es jedoch für zweckmäßig erachtet, die Ergebnisse dieser Bohrungen kombiniert mit den zahlreich in diesen Partien niedergebrachten Meißelbohrungen kurz bekanntzugeben, zumal bei den Aufnahmen der oben genannten Blätter der Mittlere Buntsandstein ungegliedert dargestellt wurde und die Arbeiten von F. LOTZE (1944) und H. KALÄHNE (1957) für Blatt Ziegelroda nur eine wenig ins einzelne gehende Beschreibung geben.

Der Ansatzpunkt der in der beigegebenen Profiltafel mit Udersleben 10 bezeichneten Bohrung lag ca. 2,5 km südwestlich Reinsdorf (Blatt Artern). Die Bearbeitung dieser Bohrung erfolgte vom Verfasser.

Die Bohrung Sangerhausen 74 wurde ca. 3 km östlich Allstedt niedergebracht und von meinen Mitarbeitern G. JANKOWSKI, H. FRICKE und H. SCHWARZKOPF bearbeitet. Letzterer hat nach meinen Angaben sehr sorgfältig die in der Abbildung wiedergegebenen Säulenprofile gezeichnet. Eine geröll- und schwermineralanalytische Bearbeitung dieser Bohrproben wird von H. THON durchgeführt werden.

Volpriehausener Sandstein

Bei der Bearbeitung unserer Bohrungen legen wir die Grenze Unterer/Mittlerer Buntsandstein an die Stelle, wo erstmalig eindeutig gröberkörnige Sandsteine auftreten (vgl. W. JUNG 1958).

In der Bohrung Sangerhausen 74 liegt über der nur 3,5 m mächtigen Oberen Schiefertonzone (su_5) des Unteren Buntsandsteins eine 28 m mächtige Serie von vorwiegend mittelkörnigen Sandsteinen. Im einzelnen beginnt diese Folge mit einem 5 cm mächtigen groboolithischen Rogenstein. Darüber folgen knapp 5 m mächtige, hauptsächlich weißlichgrau und seltener hellorangerot gefärbte Sandsteine. Diese Sandsteine, die sporadisch papierdünne glimmerführende Schiefertonlagen olivgrauer und dunkelbrauner Farbe und ebenso gefärbte Tongallen enthalten, sind durchweg als fein- bis mittelkörnig zu bezeichnen. Das Bindemittel ist kalkig und dolomitisch. Danach folgt ein feinoolithischer, 1 m mächtiger Rogenstein, der seinerseits von einem 15 cm mächtigen Kalksandstein überlagert wird. Über diesem Kalksandstein folgt eine knapp 3 m mächtige schiefertonreiche Partie. Diese Schiefertone sind olivgrau und dunkelrotbraun, glimmerführend und feinsandstreifig, enthalten Abdrücke von Estherien und weisen geringmächtige Einschaltungen von feinkörnigen Sandsteinen und Kalksandsteinen auf. Der Rest der Folge ist nahezu einheitlich. Es sind dies gelblichweiße und hellorangerote, mitunter schwach absandende Sandsteine, die vorwiegend mittelkörnig, seltener grob-, mitunter aber auch feinkörnig sind und die von einzelnen dunkelrotbraunen und olivgrauen Schiefertonlagen bzw. Tongallen durchsetzt sind. Das Bindemittel dieser Sandsteine ist schwach kalkig bis dolomitisch.

In der Bohrung Udersleben 10 liegt über der etwa 17 m mächtigen Oberen Schiefertonzone (su_5) des Unteren Buntsandsteins zunächst eine reichlich 4 m mächtige Sandsteinpartie. Diese Sandsteine sind gelblichweiß bis hellorangerot gefärbt, fein- bis hauptsächlich mittelkörnig, enthalten einige papierdünne olivgrüne Schiefertonlagen sowie verschiedentlich olivgrüne Tongallen und besitzen meistens dolomitisches Bindemittel. Die darüberfolgenden 8 m bestehen aus einer engen Wechsellagerung von Sandsteinen und Schiefertonen. Die Sandsteine sind wieder gelblichweiß bis hellorangerot gefärbt, führen stellenweise dolomitisches Bindemittel, sind aber durchweg feinkörnig und mitunter rogensteinartig ausgebildet. Die einzelnen Ooide liegen oft in einer untypischen Weise vor. Die Schiefertone sind braun und olivgrau, feinsandig bzw. feinsandstreifig und weisen einen unterschiedlichen, meist aber beträchtlichen Glimmergehalt auf und enthalten Abdrücke von Estherien. Über dieser Wechsellagerung von Sandsteinen und Schiefertonen folgt eine reichlich 2 m mächtige tonfreie Sandsteinlage vorwiegend mittlerer Korngröße. Auch hier enthalten die Sandsteine mitunter Ooide.

Die beschriebenen Schichtfolgen entsprechen dem Volpriehausener Sandstein (smV's) im Sinne BOIGKs bzw. den Winterkopfschichten (sm_1u) HOPPEs resp. den Unteren Sandsteinen WÜSTs.

Durch unsere Meißelbohrungen konnte weiter festgestellt werden, daß mitunter an der Grenze Unterer/Mittlerer Buntsandstein auch grobkörnige bis feinkiesige Quarzgerölle auftreten. Des weiteren wurde beobachtet, daß in den Basissandsteinen des Mittleren Buntsandsteins mehrfach auch Rogensteine, und zwar hauptsächlich groboolithische auftreten. Stellenweise geht also die Rogensteinentwicklung von der Rogensteinzone (su_4) des Unteren Buntsandsteins bis in den Mittleren Buntsandstein hinein, so daß die Obere Schiefertonzone (su_5) nicht oder nur als sehr geringmächtige Partie ausgeschieden werden kann bzw. durch Rogensteine faziell vertreten wird (W. JUNG, 1958).

Wenn die Basisfolge des Mittleren Bundsandsteins auf unseren Blattbereichen auch stärkeren faziellen Schwankungen unterworfen ist und im Gegensatz zu anderen Gebieten auch Rogensteine und Kalksandsteine enthält, so steht insgesamt doch seine Parallelisierung mit dem Volpriehausener Sandstein außer jedem Zweifel.

Volpriehausener Wechselfolge und Hauptgervillienlager

Vierzig bzw. fünfzig Meter über der Oberkante der Basissandsteine wurde in den Bohrungen ein sehr auffälliger Sandsteinhorizont angetroffen, der die gleiche oder zumindest eine außerordentlich ähnliche Beschaffenheit hat wie der von BOIGK (1956) ausgeschiedene Detfurther Sandstein (sm D's). Die Berechtigung einer Parallelisierung mit diesem Horizont steht m. E. auch außer Zweifel.

Die Zwischenschichten entsprechen der Rotweißen Wechselfolge (Volpriehausener Wechselfolge (sm V'st) und dem Hauptgervillienlager (sm V't) im Sinne BOIGKs bzw. den „vorwiegend roten und weißen Sandsteinen" (sm_1o) sowie den „*Gervilleia*-Schichten" (sm_2u) HOPPEs.

Da in beiden Kernbohrungen keine Aviculiden gefunden werden konnten, ist jedoch eine einwandfreie Abgrenzung zwischen Rotweißer Wechselfolge und dem Hauptgervillienlager nicht möglich. Auch fehlt ein eindeutiger petrographischer Schnitt. Die ganze Folge ist aufgebaut aus einer Wechsellagerung von Sandsteinen und Schiefertonen.

Die Sandsteine sind weißlichgrau, gelblichweiß und hellorangerot gefärbt, vorwiegend fein- bis mittelkörnig, seltener auch etwas gröberkörnig, mitunter schwach absandend und führen hauptsächlich in den liegenden 20—25 m, die etwa der Rotweißen Wechselfolge entsprechen dürften, schwach kalkiges bis dolomitisches Bindemittel. Papierdünne Lagen rotbrauner und olivgrauer, meistens stark glimmerführender Schiefertone und Tongallen gleicher Farbe sind den Sandsteinen eingeschaltet. Mitunter sind dieser Folge auch dünne Rogensteinbänke eingelagert. Die einzelnen Ooide liegen aber auch in einer untypischen Weise vor. Es ist bemerkenswert, daß Rogensteine bis zur Unterkante des Detfurther Sandsteins nachgewiesen werden konnten. BOIGK (1956) berichtet, daß auch im Raum von Südhannover in der Volpriehausener Wechselfolge Ooide gefunden wurden.

Die Schiefertone besitzen rotbraune, olivgrüne und olivgraue Farben, sind mitunter feinsandig, aber auch feinsandstreifig; der Glimmergehalt ist unterschiedlich, im allgemeinen aber recht beträchtlich. Abdrücke von Estherien sind mehrfach beobachtet worden.

Diesem Niveau gehören auch die von A. GATZKE in seinem Rogensteinhorizont ρ_{11} gefundenen Stromatolithenrasen an.

Während die Basissandsteine im Untersuchungsgebiet etwa die gleiche Mächtigkeit aufweisen wie in den westlich angrenzenden Gebieten, ist die Mächtigkeit der Volpriehausener Wechselfolge und des Hauptgervillienlagers zusammen im Untersuchungsgebiet gegenüber den Gebieten von Sondershausen und Hannover auf die Hälfte bzw. ein Drittel reduziert.

Detfurther Sandstein

Der Detfurther Sandstein (sm D's) liegt als ein mittel- bis seltener grobkörniger Sandstein in weißlichgrauer, gelblichweißer und hellorangeroter Farbe vor. Meistens ist dieser Sandstein im Untersuchungsgebiet außerordentlich bindemittelarm und daher stark absandend, wie man das in Aufschlüssen im Bereich der Hohen Schrecke (Bl. Artern) gut beobachten kann. In der Bohrung Udersleben 10 konnten deswegen im Bereich dieses Sandsteinhorizontes fast keine Kerngewinne erzielt werden, da die Sandsteine schon durch den Spüldruck zerfallen.

In der Bohrung Sangerhausen 74 dagegen trat untergeordnet — wie das auch stellenweise bei Übersichtsbegehungen zu beobachten war — quarzitisches Bindemittel auf.

Diese geschlossene, nahezu einheitliche Sandsteinfolge, die eine Mächtigkeit bis zu 20 m erreichen kann, wird gelegentlich von glimmerführenden, braunen, rotbraunen und grünlichgrauen Schiefertonen durchsetzt.

Während die Unterkante des Detfurther Sandsteins in der Bohrung Udersleben 10 und auch im gesamten Blattbereich Artern scharf und markant ist, war in der Bohrung Sangerhausen 74 ein fließender Übergang zu beobachten. Insgesamt liegen im Blattbereich Artern Verhältnisse vor, wie sie H. BOIGK (1956) aus dem nördlichen Teil des Kaufunger Waldes beschreibt. Auch hier tritt nämlich der Detfurther Sandstein im Vergleich zum

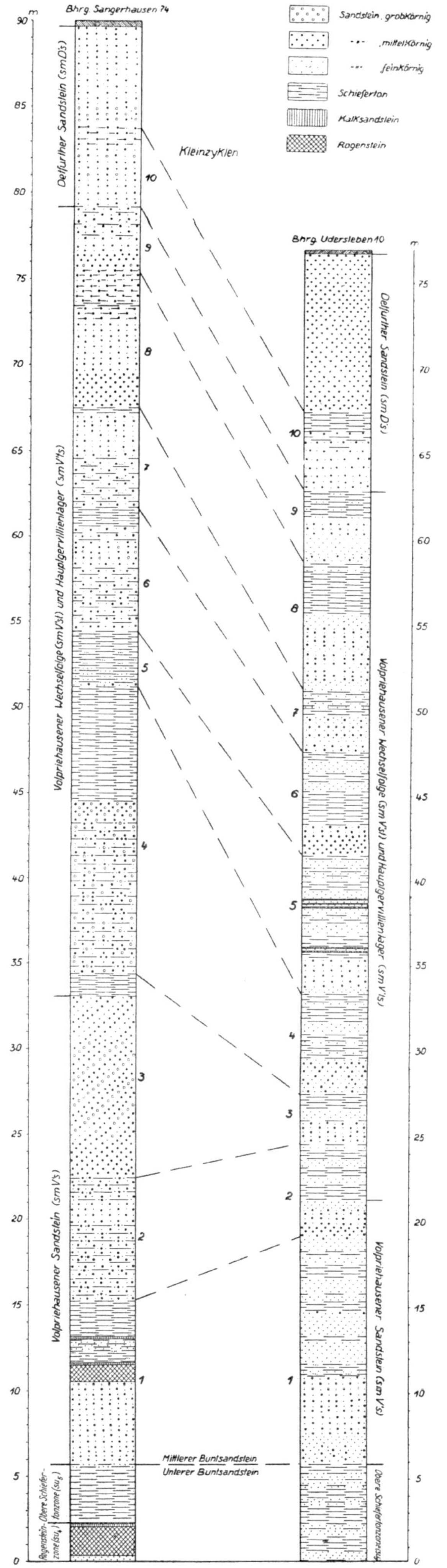

Säulenprofile der Basispartien des sm
der Bohrungen Sangerhausen 74 und Udersleben 10

Volpriehausener Sandstein wesentlich deutlicher in Erscheinung. Es ist deshalb nicht verwunderlich, wenn auch nach unseren heutigen Erkenntnissen falsch und um etwa 60 m zu hoch, daß die Grenze Unterer/Mittlerer Buntsandstein bei der Aufnahme des Blattes Artern an die Basis des Detfurther Sandsteins gelegt wurde.

Kleinzyklen

Nach den Untersuchungen von G. GUNZERT (1958) lassen sich im deutschen Buntsandstein mehrere Großzyklen erkennen. Für den Mittleren Buntsandstein hat man nach den Untersuchungen von H. BOIGK (1956), W. HOPPE (1957), A. HERRMANN (1956) und G. GUNZERT (1958) wohl mit mindestens drei solcher Großzyklen zu rechnen, die jeweils mit gröberklastischem Material beginnen und ihren Abschluß in ± feinklastischen Sedimenten finden.

Innerhalb des ersten Großzyklus im Mittleren Buntsandstein [Volpriehausener Gruppe (sm V) im Sinne BOIGKs bzw. Hessische Stufe (S3) im Sinne GUNZERTs] lassen sich nun in den beiden Kernbohrungen mehrere Kleinzyklen erkennen (vgl. Profil).

Wie bei den Großzyklen so ist auch der Aufbau der Kleinzyklen nicht immer derart regelmäßig, daß auf grobkörnige Sandsteine mittel- und feinkörnige folgen und diese von zuerst sandsteinstreifigen, dann sandigen und schließlich reinen Schiefertonen überlagert werden; aber es lassen sich meistens sehr deutlich in jedem Kleinzyklus 2 Abschnitte unterscheiden: Ein liegender grobklastischer und ein hangender feinklastischer, somit die mehrfache Wiederkehr gleicher oder ähnlicher Sedimentationsbedingungen auch innerhalb eines Großzyklus anzeigend.

Insgesamt lassen sich innerhalb des 1. Großzyklus neun Kleinzyklen nachweisen, die bei der Bohrung Udersleben 10 deutlicher in Erscheinung treten als bei der Bohrung Sangerhausen 74. Das Profil der Bohrung Udersleben 10 ist überhaupt realer, da der Kernverlust in der Bohrung Sangerhausen 74 wesentlich größer war.

Die Mächtigkeit der einzelnen Kleinzyklen unterliegt größeren Schwankungen. Sie schwankt von 3,0 m (3. Kleinzyklus der Bohrung Udersleben 10) bis zu 16,70 m (4. Kleinzyklus der Bohrung Sangerhausen 74). Während in der Bohrung Sangerhausen 74 der gröberklastische Anteil der einzelnen Kleinzyklen stets (mit Ausnahme des Kleinzyklus 5) mächtiger ist als der feinklastische Anteil, liegt bei der Bohrung Udersleben 10 meistens das umgekehrte Verhältnis vor.

Auch im Liegendteil des Detfurther Sandsteins kann man in beiden Bohrungen einen weiteren Kleinzyklus feststellen.

Nach den beiden Bohrbefunden zu urteilen, fällt an der Grenze Hauptgervillienlager/Detfurther Sandstein Horizont- und Kleinzyklengrenze zusammen, während sie sich zwischen Volpriehausener Sandstein und Volpriehausener Wechselfolge überschneiden.

Literatur

BOIGK, H.: Vorläufige Mitteilung über eine neue Gliederung des Mittleren Buntsandsteins im Raume Südhannover. – Geol. Jb., 72, S. 325–340, Hannover 1956.

GATZKE, A.: Die geologischen Verhältnisse im Raume nördlich von Allstedt unter besonderer Berücksichtigung des Unteren Buntsandsteins und der in ihm auftretenden Stromatolithenrasen. – Unveröff. Diplomarbeit, Halle 1956.

GUNZERT, G.: Die einheitliche Gliederung des deutschen Buntsandsteins in der südlichen Beckenfazies. – Abh. hess. L.-Amt Bodenforsch., 24, 61 S., 14 Abb., 7 Tab., Wiesbaden 1958.

HERRMANN, A.: Schichtausfälle im Mittleren Buntsandstein des nordöstlichen Eichsfeldes und deren mögliche Deutung. – Geol. Jb., 72, S. 341–345, Hannover 1956.

HOPPE, W.: Gliederung des Mittleren Buntsandsteins im Gebiet von Sondershausen in Thüringen. – Ber. Geol. Ges. DDR, 2, H. 3, S. 183 bis 198, Berlin 1957.

JUNG, W.: Gliederung des Unteren Buntsandsteins im südöstlichen Harzvorland. – GEOLOGIE, Jg. 7, H. 8, S. 1018–1031, Berlin 1958.

KALÄHNE, H.: Über die Hydrogeologie der Querfurt-Freyburg-Naumburger Muschelkalkmulde. – Besondere Mitt. Deutsch. Gewässerkundl. Jb. Nr. 18, 41 S., Berlin 1957 (Akademie-Verlag).

KOLESCH, K.: Beitrag zur Stratigraphie des Mittleren Buntsandsteins im Gebiete des Blattes Kahla (S.-A.). – Jb. preuß. geol. L.-A. für 1919, 40, T. II, S. 307–382, Berlin 1922.

KREYSING, K.: Zur Stratigraphie des Mittleren Buntsandsteins in Süd-Hannover und Nord-Hessen. – Neues Jb. Geol. Paläontol., Mh., H. 2, S. 72–83, Stuttgart 1957.

– Ein Profil des Mittleren Buntsandsteins vom Kaufunger Wald bis zur Rheinischen Masse. – Neues Jb. Geol. Paläontol., Mh., H. 7/8, S. 328 bis 334, Stuttgart 1957.

LOTZE, F.: Über Bewegungen des Wasserstandes in Wasserbohrungen bei Roßleben an der Unstrut. – Hydrogeologische Forsch., 1, Abh. Reichsamt Bodenforsch., NF, H. 209, S. 177–180, Berlin 1944.

STARK, H.: Versuch einer Gliederung des Unteren Buntsandsteins und einer Feingliederung des Mittleren Buntsandsteins bis zu den Hauptgervillienbänken im Vogler und Homburgwald. – Geol. Jb., 72, S. 315–324, Hannover 1956.

WÜST, E.: Die Fossilführung des Mittleren Buntsandsteins der Mansfelder Mulde. – Z. Naturwissenschaften, 79, Halle 1907.

Über die Anwendungsmöglichkeiten der Funkortung unter Tage

HEINZ BARTZSCH, z. Z. Moskau

Auf einer Reihe von Erzlagerstätten wird die Suche nach neuen Erzkörpern zwischen den einzelnen Sohlen und zwischen den einzelnen Stollen einer Sohle im allgemeinen mit Hilfe von Unter-Tage-Bohrungen durchgeführt. Diese Bohrungen müssen sehr oft in verhältnismäßig kleinen Abständen angesetzt werden. Dies ist mit erheblichen finanziellen Mitteln und großem Zeitaufwand verbunden, wobei oft leider nicht einmal garantiert ist, daß in der derartig untersuchten Zone auch alle Erzkörper gefunden worden sind. Aus diesem Grunde ist eine Rationalisierung derartiger Erkundungsarbeiten von größter volkswirtschaftlicher Bedeutung.

Die Funkortung unter Tage ist eine der geophysikalischen Untersuchungsmethoden, die für die Lösung derartiger Aufgaben bestimmt ist. Diese Methode zeichnet sich durch ihre außerordentliche Billigkeit aus, die in der verhältnismäßig einfachen Apparatur und der hohen Arbeitsproduktivität sowie in der Einfachheit der Bearbeitung der Meßergebnisse begründet ist.

Es muß betont werden, das es sich hier nicht um eine prinzipiell neue Erkundungsmethode handelt. Im Gegenteil, es sind sehr viele Versuche und Arbeiten auf diesem Gebiete in den letzten Jahrzehnten in verschiedenen Ländern durchgeführt und zum Teil auch veröffentlicht worden. Dies gilt besonders für die Sowjetunion. Dort ist diese Methode in den letzten Jahren zu einem der wichtigsten Verfahren der angewandten Untertagegeophysik geworden. Die folgenden Ausführungen sollen dazu beitragen, die oftmals vorhandenen Vorurteile gegen diese Methode zu beseitigen und einen Einblick in ihre Anwendungsmöglichkeiten zu geben.

1. Allgemeines

Besonders günstige Bedingungen für die Anwendung der Funkortung sind dann vorhanden, wenn es sich um Gesteine mit hohem spezifischem Widerstand, in denen sich Erzkörper mit Elektronenleitfähigkeit befinden, handelt. In diesem Falle ist der Verlust an elektromagnetischer Energie im tauben Gestein verhältnismäßig gering, während von den Erzkörpern relativ viel Energie aufgenommen wird. Das führt zur Bildung eines ausgeprägten Schattens hinter den entsprechenden Erzkörpern. Mit Hilfe einfacher geometrischer Beziehungen kann man dann Lage und Größe des Erzkörpers weitgehend bestimmen.

2. Experimentelle und theoretische Grundlagen der Methode

Der Theorie der Funkortung liegen die Gesetze der Ausbreitung elektromagnetischer Felder hoher Frequenz in Gesteinen zugrunde.

Für die praktische Anwendung ist die Lösung folgender zwei Aufgaben von entscheidender Bedeutung:

I) Bestimmung des normalen Feldes des Senders im homogenen Medium.

II) Bestimmung des Feldes bei Vorhandensein elektrisch gut leitender Objekte, im besonderen von Erzkörpern.

Die erste der beiden Aufgaben ist für verschiedene Medien auf analytische Weise leicht lösbar. Für die zweite Aufgabe liegen nur in zwei bis drei der einfachsten Fälle analytische Lösungen vor.

Die Untersuchung der Ausbreitung elektromagnetischer Wellen im homogenen Medium führt gleichzeitig zur Untersuchung des Feldes eines Dipols im homogenen Medium. Da die Ausmaße der Antenne im allgemeinen überaus klein sind (1—1,5 m) und die Beobachtungen in einer Entfernung durchgeführt werden, die bedeutend größer ist als die Höhe der Antenne und der Wellenlänge ($r \gg \lambda$), kann man den Sender als Punktstrahler betrachten, dessen Feldamplituden durch folgende Beziehungen charakterisiert sind:

$$E = E_0 \frac{\sin \Theta}{r} e^{-br}$$

$$M = M_0 \frac{\sin \Theta}{r} e^{-br}$$

wobei Θ der Winkel zwischen der Achse des Dipols und der Richtung zum Beobachtungspunkt ist. e^{-br} ist der entsprechende Dämpfungsfaktor. Wenn r, Θ und b bekannt sind, kann man sehr leicht die relative Feldstärke für ein Profil bestimmen, indem man E_0 und M_0 durch beliebige positive Zahlen ersetzt.

Die maximale Ausstrahlung erfolgt bei $\Theta = 90°$, d. h. in der Äquatorialebene des Dipols. Aus diesem Grunde ist es zweckmäßig, die Beobachtungen in der Äquatorialebene durchzuführen, wo $\sin\Theta = 1$ ist, indem man den praktischen Bedürfnissen entsprechend die Antenne auf diese Weise orientiert. Unter diesen Bedingungen kann man schreiben:

$$E = E_0 \frac{e^{-br}}{r}$$

$$M = M_0 \frac{e^{-br}}{r}$$

3. Die Dämpfung der elektromagnetischen Wellen in Gesteinen

Es ist bekannt, daß sich bei Ausbreitung elektromagnetischer Wellen in Medien mit elektrischer Leitfähigkeit die Energie des elektromagnetischen Feldes in Wärmeenergie umwandelt. Aus diesem Grunde wird das elektromagnetische Feld in Gesteinen bedeutend schneller gedämpft als in der Atmosphäre. Die Dämpfung im Medium wird durch den Faktor e^{-br} charakterisiert. Die Stärke des Dämpfungsprozesses wird durch die Größe des Dämpfungskoeffizienten „b“ bestimmt. Wie bekannt, ist

$$b = \frac{\omega\sqrt{\varepsilon\mu}}{c}\sqrt{\frac{1}{2}\left[\sqrt{1+\left(\frac{4\pi\gamma}{\varepsilon\omega}\right)^2}-1\right]}$$

d. h., „b“ wächst mit Zunahme der elektrischen Leitfähigkeit γ des Mediums und verringert sich mit dem Wachsen des spezifischen Widerstandes.

Betrachten wir die Frequenzabhängigkeit, dann können wir folgendes beobachten: Bei einer Erhöhung der Frequenz wächst b anfangs schnell, dann langsamer, um schließlich bei weiterer Erhöhung der Frequenz folgendem Grenzwert b_g zuzustreben:

$$b_g = \frac{2\pi\gamma}{c}\sqrt{\frac{\mu}{\varepsilon}}$$

Die „kritische“ Frequenz, bei der b praktisch seinen Grenzwert annimmt, hängt von den Eigenschaften des Mediums ab. Je geringer die elektrische Leitfähigkeit ist, um so niedriger ist auch die „kritische“ Frequenz.

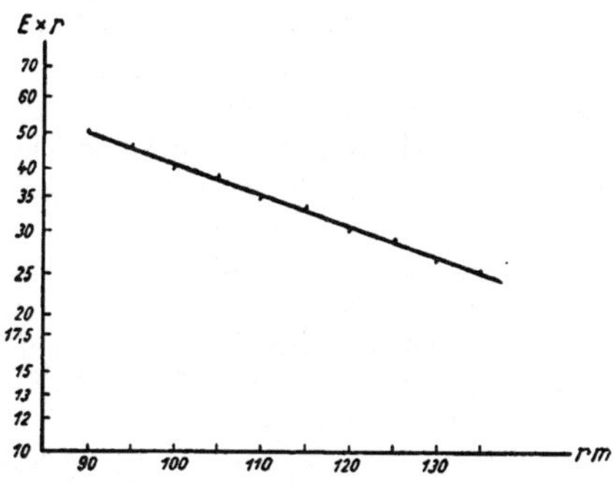

Zur Bestimmung des Dämpfungskoeffizienten „b“

Abb. 1

Es muß hier bemerkt werden, daß die obigen Schlußfolgerungen unter der Bedingung gemacht wurden, daß ρ, ε und μ unabhängig von der Frequenz ω sind.

4. Die Bestimmung des Dämpfungskoeffizienten „b“

Bei der Bestimmung des Dämpfungskoeffizienten „b“ benutzt man die Feldstärkemessungen unter Tage im homogenen Gestein in verschiedenen Abständen vom Sender.

Für die Abstände r_1 und r_2 kann man schreiben:

$$E_1 = \frac{E_0\, e^{-br_1}}{r_1} \qquad E_2 = \frac{E_0\, e^{-br_2}}{r_2}$$

weiterhin

$$\frac{E_1}{E_2} = \frac{e^{-br_1}}{e^{-br_2}} \cdot \frac{r_2}{r_1}$$

$$b = \frac{\ln \dfrac{E_1 \cdot r_1}{E_2 \cdot r_2}}{r_2 - r_1}$$

Wenn man auf der Ordinate im logarithmischen Maßstab $E \cdot r$ abträgt und auf der Abszisse im linearen Maßstabe r, so kann man „b“ als Steigung der mittleren Geraden ermitteln (Abb. 1).

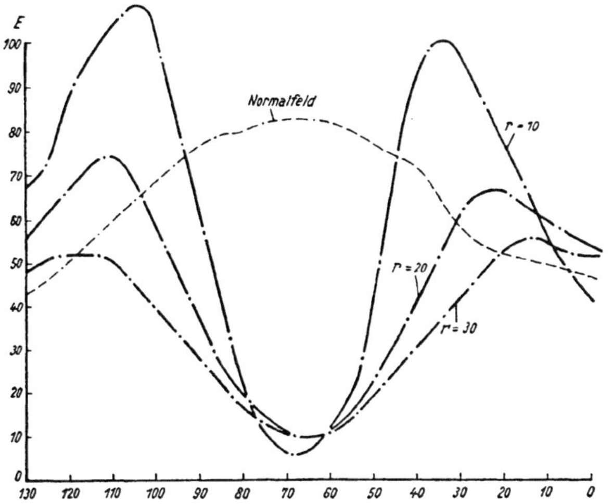

Abb. 2

Wenn man die Dämpfungskoeffizienten „b_1" und „b_2" für zwei Frequenzen $f_1 = \frac{\omega_1}{2\pi}$ und $f_2 = \frac{\omega_2}{2\pi}$ bestimmt und $\mu = 1$ setzt, wie das oft unter praktischen Bedingungen ohne weiteres möglich ist, kann man aus der Bestimmungsgleichung für „b" die elektrische Leitfähigkeit γ und die Dielektrizitätskonstante ε des Mediums bestimmen. Die entsprechenden Formeln zur Berechnung dieser Größen im cgs-System seien hier angeführt:

$$\gamma = \frac{22{,}8 \cdot 10^{18}\, b_1 b_2}{f_1 \cdot f_2} \sqrt{\frac{f_2^2\, b_1^2 - f_1^2\, b_2^2}{b_2^2 - b_1^2}}$$

$$\varepsilon = \frac{22{,}8 \cdot 10^{18}}{f_1 \cdot f_2} \; \frac{f_2^2\, b_1^4 - f_1^2\, b_2^4}{b_2^2 - b_1^2}$$

wobei die Genauigkeit der Bestimmungen durch folgende Beziehungen charakterisiert wird:

$$\delta\gamma = \frac{2\,\delta E}{(r_2 - r_1)\,(b_2 - b_1)}$$

$$\delta\varepsilon = \frac{4\,\delta E}{(r_2 - r_1)\,(b_2 - b_1)}$$

Wie man leicht sieht, hängt die Genauigkeit der Bestimmung von γ und ε weitgehend von der Größenordnung der Klammernausdrücke $(r_2 - r_1)$ und $(b_2 - b_1)$ ab.

5. Die Ausbreitungsgeschwindigkeiten der elektromagnetischen Wellen und ihre Wellenlänge in Gesteinen

Die Ausbreitungsgeschwindigkeit der elektromagnetischen Wellen im Medium hängt von den Konstanten des Mediums und der Frequenz des Feldes ab:

$$V = \frac{c}{\sqrt{\varepsilon\mu}\sqrt{\frac{1}{2}\left[\sqrt{1 + \left(\frac{2\gamma}{\varepsilon \cdot f}\right)^2} + 1\right]}}$$

$$c = 3 \cdot 10^{10}\,\frac{\text{cm}}{\text{sec}}$$

Die Wellenlänge im Medium wird durch Einsetzen der entsprechenden Größen in die bekannte Formel $\lambda = \frac{V}{f}$ bestimmt. Wenn wir die Wellenlänge in der Atmosphäre mit $\lambda_0 = \frac{c}{f}$ bezeichnen und $\mu = 1$ setzen, was man, wie schon erwähnt, in den meisten Fällen ohne weiteres tun kann, so erhält man:

$$\lambda = \frac{\lambda_0}{\sqrt{\varepsilon}\sqrt{\frac{1}{2}\left[\sqrt{1 + \left(\frac{2\gamma}{\varepsilon \cdot f}\right)^2} + 1\right]}}$$

Folglich ist die Wellenlänge in Gesteinen stets kleiner als in der Atmosphäre, wie man aus der angegebenen Beziehung leicht ersehen kann.

Bei Überwiegen von Leitungsströmen, d. h. bei:

$$\frac{2\gamma}{\varepsilon f} \gg 1 \text{ ist } \lambda = \lambda_0 \sqrt{\frac{f}{\gamma}}$$

Bei Überwiegen von Verschiebungsströmen, d. h. bei

$$\frac{2\gamma}{\varepsilon f} \ll 1 \text{ ist } \lambda = \frac{\lambda_0}{\sqrt{\varepsilon}}$$

Das zeigt, daß die Veränderung der Wellenlänge einmal durch die elektrische Leitfähigkeit, das andere Mal durch die Dielektrizitätskonstante bestimmt wird. Das heißt, daß ein und dasselbe Gestein in Abhängigkeit von der Frequenz sich als Dielektrikum oder als Leiter führen kann.

Entsprechende Berechnungen bei $\varepsilon = 8$ ergeben folgende Resultate:

λ_0 (m)	λ (m)			
	$\varrho = 500$	$\varrho = 1000$	$\varrho = 5000$	$\varrho = 10\,000$
20	7,13	7,13	7,13	7,13
100	30,3	33,33	35,66	35,66
500	85,6	113,33	178,3	178,33
1000	125,0	170,0	303,0	356,7

Da bei relativ großen Wellenlängen der Einfluß von Beugungserscheinungen sehr bedeutend ist, kann sich eine Verringerung der Wellenlänge in Gesteinen erheblich auf die Meßergebnisse auswirken. Wie man später sehen wird, hängt gerade die Form und die Intensität der Anomalie von den Beugungserscheinungen ab, die ihrerseits durch das Verhältnis zwischen den Ausmaßen des Erzkörpers und der Wellenlänge bestimmt werden. Je kürzer die Wellenlänge ist, desto geringer ist der Einfluß der Beugung und desto klarer zeichnen sich die Anomalien ab.

Als Resultat theoretischer und praktischer Untersuchungen kann man folgende Schlußfolgerungen ziehen:

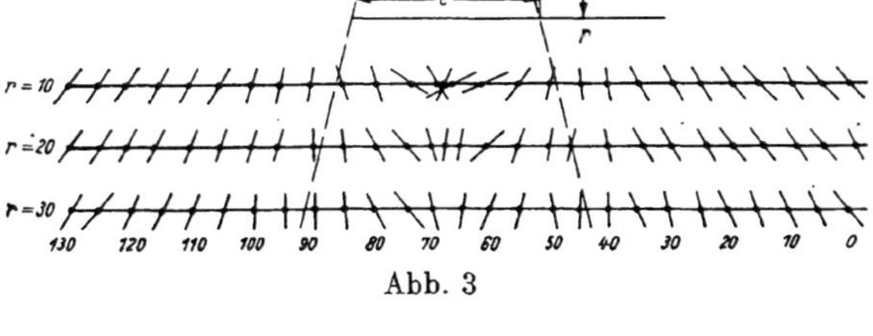

Abb. 3

1. Da die Feldmessungen bei Funkortung unter Tage im allgemeinen in größerer Entfernung vom Sendepunkt durchgeführt werden und nur die relative Änderung der Feldstärke längs eines Beobachtungsprofils von praktischer Bedeutung ist, kann man zur Bestimmung des normalen Feldes die Formel

$$E = E_0 \frac{e^{-br}}{r}$$

benutzen, wenn die Messungen in der Äquatorialebene der Sendeantenne durchgeführt werden und wenn b bekannt ist.

2. Mit Erhöhung der Frequenz verstärkt sich die Dämpfung des elektromagnetischen Feldes im Gestein. Aus diesem Grunde ist es zweckmäßig, verhältnismäßig lange Wellen zu benutzen, um eine maximale Reichweite zu erzielen.

3. Gleichzeitig mit der Erhöhung der Wellenlänge wächst der Einfluß von Beugungserscheinungen, infolge derer sich das Auflösungsvermögen verringert. Von diesem Gesichtspunkt aus betrachtet, ist die Benutzung kürzerer Wellenlängen zweckmäßig.

4. Es ist notwendig, in jedem einzelnen Falle den anzuwendenden Wellenbereich in Abhängigkeit folgender Faktoren experimentell zu bestimmen: Ausmaße der zu erwartenden Erzkörper, elektrische Eigenschaften der Gesteine und Erze, Mächtigkeit der zu untersuchenden Gesteinsschichten.

6. Das elektromagnetische Feld hoher Frequenz in Gesteinen bei Vorhandensein leitender Objekte

Die analytische Lösung von Aufgaben über Beugungserscheinungen elektromagnetischer Wellen an leitenden Körpern, deren Ausmaße die Ordnung der Wellenlänge haben, ist mathematisch außerordentlich schwierig. Strenge Lösungen existieren nur für Kugel und Ellipsoid. Und selbst hier ist ein überaus großes Maß an Rechnungen erforderlich, um zu Zahlenwerten zu gelangen. Aus diesem Grunde ist man zu Näherungslösungen und Modellarbeiten übergegangen. Entsprechende Methoden der Näherungsberechnung sind für Körper einfacher Form erarbeitet (Kugel, Zylinder, Schicht). Die Näherungslösungen werden in folgender Reihenfolge durchgeführt:

a) Berechnung des Feldes ohne Vorhandensein abschirmender Körper.

b) Bestimmung der Ströme im abschirmenden Körper und Berechnung ihrer Felder.

c) Berechnung des endgültigen Feldes als Summe der Felder des Dipols und des abschirmenden Körpers.

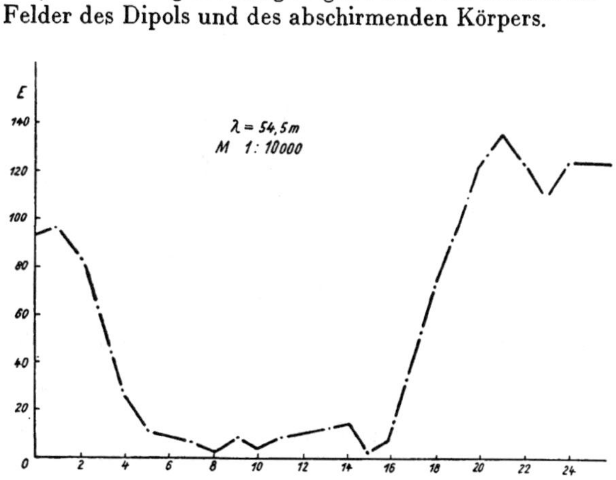

Abb. 4

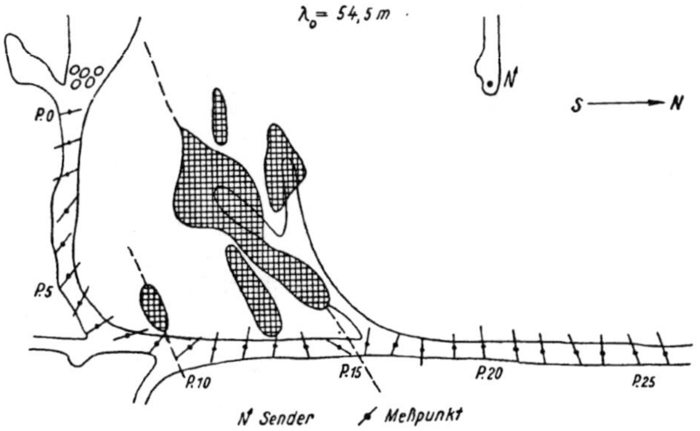

Abb. 5

Was die Modellarbeiten anbelangt, die unter Berücksichtigung der Ähnlichkeitsbedingungen an rechteckigen Metallplatten in schwachen Lösungen durchgeführt wurden, so sei hier nur kurz auf die Ergebnisse eingegangen:

a) Die Modelle zeichnen sich auf den gemessenen Feldstärkekurven durch klare Anomalien ab, wenn der Abstand Beobachtungslinie — Modell nicht größer ist als 3–4 Modellbreiten.

b) Die Anomalien zeichnen sich auf den Kurven nicht nur durch geringere Feldstärken ab, sondern auch durch an beide Seiten des Schattens angrenzende Maxima. Die Feldstärke ist hier größer im Vergleich zum Normalfeld.

c) Der Abstand der Maxima (die Breite der Anomalie) ist stets breiter als der geometrische Schatten des Modells.

d) Die Breite der Anomalie und ihre Intensität ändert sich praktisch nicht in verschiedenen Sendezonen, wenn der Abstand Modell–Profil konstant bleibt. Als Intensität ist hier die Beziehung zwischen den maximalen und minimalen Feldstärken der gegebenen Anomalie zu verstehen.

e) Bei Vergrößerung des Abstandes zwischen Modell und Profil verringert sich die Intensität der Anomalie und ihre Breite vergrößert sich (Abb. 2).

Wenn man zur Messung der Feldstärke eine drehbare Rahmenantenne benutzt, was unbedingt notwendig ist, so zeigt sich, daß sich das Modell auch noch durch die verschiedene Stellung der Antenne in den Meßpunkten abzeichnet. Während im normalen Feld die Antenne stets auf den Sender „zeigt", kann man im sogenannten Schatten feststellen, daß sie auf die Ränder des Modells gerichtet ist. Diese Tatsache zeigt, daß das entsprechende Feld dort als Resultat von Beugungserscheinungen zu betrachten ist (Abb. 3 nach DAJEW).

In den Abb. 4, 5 und 6, 7 sind zwei Beispiele aus der Praxis dargestellt. Die Abbildungen zeigen Untersuchungsergebnisse, die bei den Erkundungsarbeiten 1954/55 von Mitarbeitern des Moskauer Institutes für geologische Untersuchungen auf einer Erzlagerstätte im Kara Tau erhalten wurden. Es handelt sich hier um steilfallende Linsen homogener Sulfiderze, die in Kalkgesteinen (3000–5000 ohm · m) lagern. Wie man aus den erhaltenen Anomalien ersieht, ist die Größenordnung der im Schatten gemessenen Feldstärke etwa $^1/_{10}$ der Stärke des Normalfeldes.

Verallgemeinernd kann man sagen, daß sich gut leitende Körper auf den Kurven durch einen Schatten abzeichnen, d. h. durch kleinere Feldstärken. Infolge von

Beugungserscheinungen nehmen die Anomalien jedoch oft eine kompliziertere Form an. Im Innern des Schattens erscheinen oftmals Maxima. Derartige Kurven sind charakteristisch für abschirmende Objekte mit Ausmaßen der Ordnung der Wellenlänge. Bei größerem Abstand des Profils vom Modell vergrößert sich das Maximum und die Kurve nähert sich der Kurve des normalen Feldes. In anderen Fällen können die Körper als eigenartige Wellenleiter fungieren und sich auf den Kurven durch erhöhte Feldstärken abzeichnen. Diese Erscheinung tritt ein, wenn der Körper langgestreckte Form hat und in Richtung Sender—Profil orientiert ist.

Als praktisches Beispiel seien hier in Abb. 8 schematisch die Ergebnisse eines Experiments wiedergegeben, das auf einer Sulfiderzlagerstätte der Kola-Halbinsel durchgeführt wurde. Der Sender befand sich unter Tage, während die Messungen an der Erdoberfläche durchgeführt wurden. Die schematisch angedeuteten Erzgänge zeichnen sich durch deutliche Maxima ab (nach Tarchow).

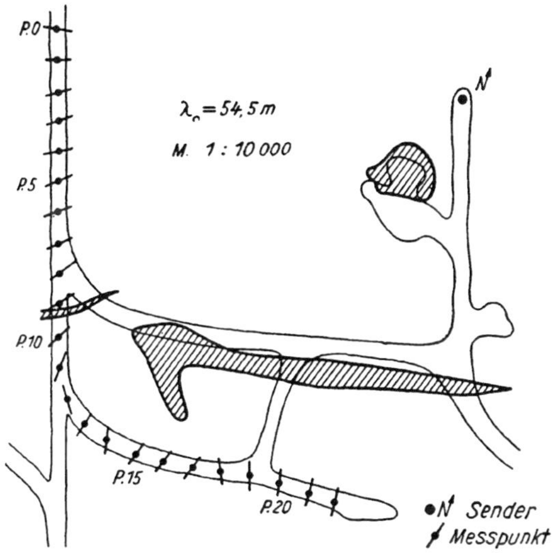

Abb. 6

7. Einfluß künstlicher Leiter unter Tage

Das Vorhandensein künstlicher Leiter unter Tage führt, wie sich bei praktischen Arbeiten unter Tage oft erweist, zu starken Verzerrungen des normalen Feldes. Wie experimentell festgestellt wurde, ist der Einfluß von Oberleitungen am stärksten. Der Einfluß von Rohrleitungen, elektrischen Kabeln und Lüftungsrohren ist relativ gering. Der Einfluß nimmt mit der Vergrößerung der Wellenlänge zu. Bei geringem Abstand Antenne—Oberleitung wird in der Oberleitung eine elektromotorische Kraft induziert, die sich über große Entfernungen ohne wesentliche Verluste ausbreitet. Es ist deshalb dringend zu empfehlen, die Antenne nach Möglichkeit in größerer Entfernung von Oberleitungen (nicht näher als 8—10 m) aufzustellen. Um zu vermeiden, daß sich elektromagnetische Wellen längs elektrischer Leiter fortpflanzen und entsprechende Untersuchungen unmöglich machen, kann man folgende Gegenmaßnahmen ergreifen:

1) Die Feldstärkemessungen nach Möglichkeit in großem Abstand von entsprechenden metallischen Leitern durchführen.

2) Eine radikale Schwächung derartiger Störfelder erreicht man durch Kurzschließen der Leiter mit den

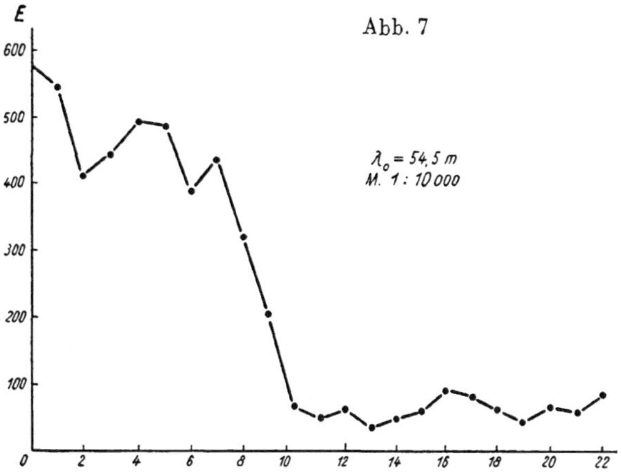

Abb. 7

Schienen über Kondensatoren hoher Kapazität. Im Gebiet vor den Kondensatoren kann man dann stehende Wellen beobachten, während hinter den Kondensatoren das Störfeld stark geschwächt wird.

3) Mit einigem Erfolg kann man auch elektromagnetische Abschirmungen verwenden (Abschwächung 3—5fach).

8. Anforderungen an die Apparaturen

Um allen entstehenden Aufgaben gerecht zu werden und um eine entsprechende Genauigkeit in den Meßergebnissen zu erzielen, ist es erforderlich, daß folgende Forderungen erfüllt sind:

1. Die Apparatur muß über einen genügend großen Wellenbereich verfügen (0,6—6,0 MHz). Je nach der Aufgabe und den geologischen Bedingungen werden entsprechende Unterbereiche für die jeweilige Arbeit benutzt.

2. Um sich von Kapazitätseinflüssen freizumachen, sind unbedingt abgeschirmte und abstimmbare Rahmenantennen zu verwenden.

3. Die Sendefrequenzen müssen stabilisiert sein.

4. Der Verstärkungsfaktor des Meßinstrumentes muß weitgehendst konstant gehalten werden können, damit eine Meßgenauigkeit von mindestens 5% gewährleistet ist.

Im letzten Jahre sind in der Sowjetunion sowohl Sender als auch Meßgerät als Bohrlochsonden mit Erfolg erprobt worden. Bei der Entwicklung von Bohrlochapparaturen sind folgende spezielle Schwierigkeiten zu überwinden:

a) Ein großer Teil der elektromagnetischen Energie wird durch das Kabel abgeleitet, mit dem die Speisung des Gerätes erfolgt, wodurch genaue Messungen unmöglich werden. Die Überwindung dieser Schwierigkeit wurde auf folgende Weise erreicht:

1. Durch Einbau der Energiequelle in die Sonde und Verwendung eines isolierenden Kunststoffkabels;

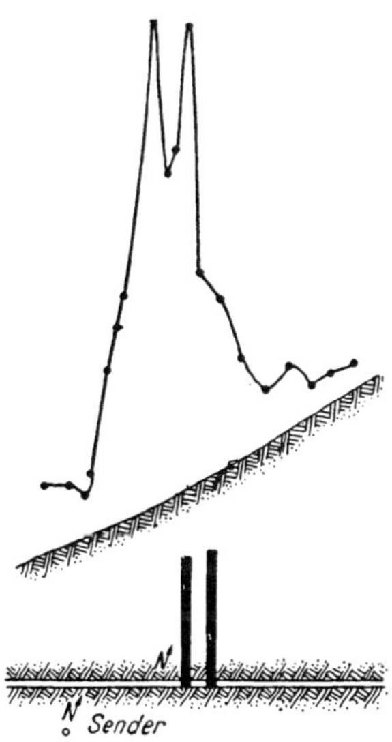

Abb. 8

2. Durch Einschaltung geeigneter Spezialfilter bei Verwendung üblicher Bohrlochkabel.

Höchstwahrscheinlich hat die letztere der beiden Varianten die größeren Perspektiven, soweit man das gegenwärtig beurteilen kann.

b) Die weitere Schwierigkeit besteht in der Konstruktion geeigneter Empfangsantennen. Dabei ist zu beachten, daß auch hier nur Rahmenantennen in Betracht kommen können, die keinen Kapazitätsänderungen unterworfen sein dürfen.

Zu diesem Zwecke wurden in der Empfängersonde zwei zueinander senkrecht abgeschirmte Rahmenantennen mit gemeinsamer Achse verwendet, die in der Bohrlochachse liegt. Die Messungen in jedem Beobachtungspunkt wurden mit jeder der Antennen einzeln durchgeführt. Die zur Bohrlochachse normale Feldkomponente wurde als Quadratwurzel aus der Summe der Quadrate der gemessenen Größen bestimmt.

Bei einer Sendeleistung von einigen Watt (3–5 Watt) ist bei hochohmigen Gesteinen eine Durchdringung von 100–250 m im allgemeinen ohne weiteres gewährleistet.

Nach den gemachten Erfahrungen muß gesagt werden, daß die teilweise vorhandenen Veröffentlichungen, die von fantastisch großen Entfernungen (km) sprechen, ernster Grundlagen wahrscheinlich entbehren. In derartigen Experimenten wurde, wie anzunehmen ist, nicht die Ableitung von elektromagnetischen Wellen längs Oberleitungen und bei kurzen Wellen längs vorhandenen Stollen berücksichtigt.

Geologische Auswertung der Erkundungsergebnisse für die mineralische Rohstoffbasis der Sodafabrik Buchenau (Werra)

Herbert Reh, Jena

Vorbemerkungen

Die Sodafabrik Buchenau stellt in ihrem nordöstlich Creuzburg gelegenen Werk Soda nach dem Solvay-Verfahren her. Als Rohstoffe werden Kalkstein und Steinsalz örtlich gewonnen. Die etwa 80–92%, im Mittel 86,5% $CaCO_3$; 1,5–5%, im Mittel 2,5% $MgCO_3$; 0,1–1% $CaSO_4$; 3–9% SiO_2 und 2,3–9% R_2O_3 enthaltenden Kalke des Unteren Muschelkalks werden in der Nähe des Werks in einem großen Steinbruch in den Nordmannswänden an der Eisenbahnbrücke zwischen Buchenau und Ebenau gebrochen. Das Steinsalz wird im Laugeverfahren aus dem 160 bis 170 m unter dem Werraspiegel gelegenen, etwa 20 m mächtigen Salzlager im Oberen Buntsandstein (Röt) gewonnen.

Der Standort der Sodafabrik war demnach durch die günstigen Gewinnungsverhältnisse sowohl für den Kalkstein als auch für das Steinsalz bedingt gewesen. Das Vorhandensein des Rötsalzes war durch die 1906 niedergebrachte Bohrung AO nachgewiesen worden. Da die Solquellen von Wilhelmsglückbrunn südwestlich von Creuzburg vermutlich auf dem Rötsalz beruhen und die in etwa 10 km südöstlicher Entfernung gelegene Bohrung Bolleroda 19 m Steinsalz angetroffen hatte, konnte man eine flächenhafte Verbreitung des Salzes im Röt annehmen. Lediglich im Bereich der Eisenach–Creuzburg–Netraer Störungszone, die eine NW streichende Grabenbruchzone darstellt, und ihrer Begleitbrüche mußte man tektonische Komplikationen oder Auslaugungen erwarten.

Bisherige Betriebspraxis

Die Aussolung des etwa 20 m mächtigen Steinsalzlagers sollte in den einzelnen Bohrlöchern von unten nach oben nach dem Wasserdruckverfahren erfolgen, wobei sich im Steinsalz Auslaugungshohlräume mit dazwischenstehenden Pfeilern hätten bilden müssen. Aus der Beobachtung der über Tage nachweisbaren Absenkungen und der Feststellung, daß Bohrungen der unteren Reihe miteinander durchschlägig geworden waren, ließ sich jedoch ableiten, daß sich die Ablaugungen an der Oberkante des Salzlagers in horizontaler Richtung stark ausgebreitet hatten. Um durch weitere Absenkungen, die sich bei fortgesetzter Aussolung von den Bohrungen im Werratal aus ergeben mußten, den Flußlauf der Werra, die Eisenbahnlinie und die Landstraße nicht zu gefährden, begann man 1937 mit der Anlegung einer Reihe von Solebohrungen (A 5, A 7 – A 9) auf dem Südhang des Sollert, etwa 200 m nördlich der ersten Bohrreihe (Abb. 1).

Dazwischen wurde in den Jahren 1940/41 noch am linken Werraufer östlich der Bohrung A 1 eine Bohrung A 6 niedergebracht, die nicht nur das Rötsalz 21 m mächtig durchsank, sondern auch das Zechsteinsalz untersuchte. Neben 4 m Staßfurt-Salz wurden noch 41 m reines und 6 m anhydritisches Werra-Salz durchteuft. Die 958,6 m tiefe Bohrung traf in 952,7 m Tiefe Schiefergneis (Para-Muskowitgneis, H. J. Rösler 1956) an.

Mit der Bohrung A 10, die aus dem bisherigen Aussolfeld nach Osten vorstieß, traf man zwar Anhydrit, aber kein Steinsalz im Röt an. Da man damals noch der Auffassung war, daß das Rötsalz im Raum Ebenau – Scherbda – Frankenroda – Ebenshausen – Freitagszell regelmäßige Lagerung und gleichmäßige Verbreitung aufweise, lag es nahe, bei dem Fehlen des Steinsalzes in der Bohrung A 10 an eine tektonische Störung zu denken. Neben einer an den Kernen beobachteten Schrägstellung der Schichten schienen eine stellenweise feinbrekziöse Beschaffenheit und die zwischen 307,9 und 312,4 m vielfach erkennbare starke Zusammenstauchung der Anhydritschichten auf eine tektonisch bedingte Salzauspressung hinzuweisen.

Untersuchungsprogramm

Nachdem der Mißerfolg der Bohrung A 10 eine Ausdehnung des Aussolungsfeldes nach Osten in Frage gestellt hatte, lag eine Aufsuchung der Fortsetzung in westlicher Richtung nahe. Um mit einer geringen Bohrtiefe auszukommen, wurde eine Produktionsbohrung A 11 im unteren Teil des Riesengrabens, südöstlich des Gutes Eschenborn angesetzt. Sie brachte

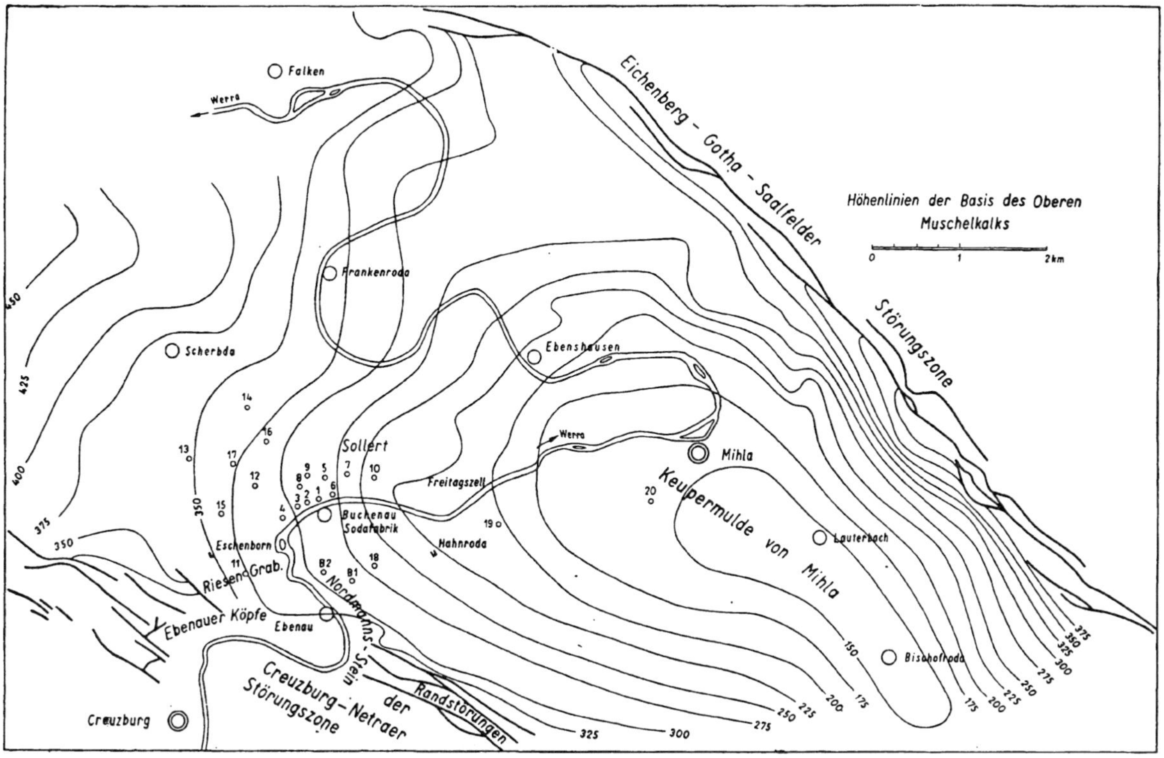

Abb. 1. Strukturkarte des Gebiets von Creuzburg—Mihla

zwar Steinsalz, jedoch war die angetroffene Mächtigkeit von 7,1 m wesentlich geringer als in dem bisherigen Aussolungsgebiet.

Der unbefriedigende Ausgang der Bohrung A 11 hatte mit aller Deutlichkeit klargemacht, daß es notwendig war, vor der Durchführung weiterer kostspieliger Produktionsbohrungen zunächst die Ausdehnung und die Mächtigkeitsverhältnisse des Rötsalzes zu klären.

Von den 1954—1957 durchgeführten Erkundungsbohrungen A 12 — A 20 konnte nur die Bohrung A 12 in etwa 700 m nordwestlicher Entfernung von dem bisherigen Aussolfeld noch 16,8 m Steinsalz nachweisen. Die Bohrungen A 13 bis A 17 dienten zur Abgrenzung des Salzlagers in nordwestlicher Richtung. Die Bohrungen A 18 bis A 20 erbrachten den Nachweis, daß rechts der Werra in der Nähe der Sodafabrik kein Rötsalz anzutreffen ist.

Wirtschaftliche Ergebnisse

Die Vorstellungen, die man bisher aus nur wenigen, weit auseinanderliegenden Aufschlüssen über die Ablagerungsverhältnisse des Rötsalzes hatte gewinnen können, hatten sich als ungenügend erwiesen. Die geologischen Erkundungsarbeiten haben die Ausdehnung des durch die Produktionsbohrungen im Gebiet von Buchenau bekannt gewordenen Salzlagers im Röt abgegrenzt und eine Gesamtmenge von knapp 50 Mio t ($B + C_1$) festgestellt. Selbst wenn man annehmen muß, daß von dieser Salzmenge nur ein geringer Bruchteil durch Aussolung gewonnen werden kann, bleibt für den Betrieb der Sodafabrik ein angemessener Vorrat verfügbar, wenn man bedenkt, daß seit Beginn der Sodafabrikation bis zum I. Quartal 1958 eine Salzmenge von rund 1,6 Mio t durch Aussolung gewonnen wurde.

Geologische Erkenntnisse

Außer den wirtschaftlichen Ergebnissen brachten die Erkundungsarbeiten noch eine Reihe neuer geologischer Erkenntnisse.

Die wichtigste Feststellung, die ja auch eine erhebliche wirtschaftliche Bedeutung hat, ist die Beschränkung des Rötsalzes auf eine NO—SW gestreckte Zone im Gebiet westlich und nördlich von Buchenau. Bemerkenswert ist noch die schnelle Mächtigkeitsabnahme von etwa 20 m Steinsalz auf 0 m innerhalb etwa 400 m. Dies kann nach Lage der Dinge nur durch einen Fazieswechsel befriedigend erklärt werden.

Die Bohrungen wurden teils im Unteren, teils im Mittleren und Oberen Muschelkalk, einige bereits im Unteren Keuper angesetzt. Dadurch ergaben sich eine Reihe interessanter Beobachtungen über die Mächtigkeitsverhältnisse, fazielle Entwicklung und Lagerungsverhältnisse des Muschelkalks und des Oberen Buntsandsteins.

Die geologische Struktur der Umgebung von Buchenau-Mihla geht aus der Höhenlinienkarte der Basis des Oberen Muschelkalks (mo) klar hervor (Abb. 1). Zwischen den NW—SO streichenden Rand-

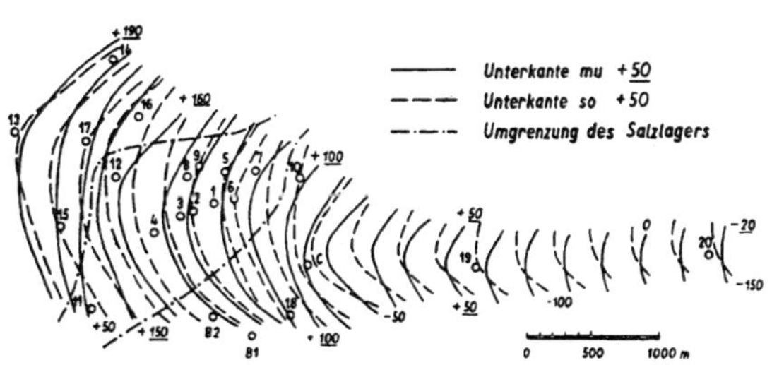

Abb. 2. Höhenlinienplan der Unterkante des Unteren Muschelkalks und des Oberen Buntsandsteins bei Buchenau

störungen der Creuzburg—Netraer Störungszone im Südwesten und der Eichenberg—Gotha—Saalfelder Störungszone im Nordosten ist südöstlich von Mihla die Keupermulde von Mihla eingesenkt.

Bei der Auswertung der Buchenauer Bohrungen konnte für das Gebiet von Buchenau—Mihla auch noch ein Höhenlinienplan für die Unterkanten des Unteren Muschelkalks (mu) und des Oberen Buntsandsteins (so) entworfen werden, der in großen Zügen Übereinstimmung mit dem entsprechenden Ausschnitt des Höhenlinienplans der Basis des Oberen Muschelkalks zeigt (Abb. 1 und 2). Auch hier ist das auffällige Umbiegen der Höhenlinien von NW über N nach NO zu erkennen. Gewisse kleine Unterschiede werden sich vor allem durch die wechselnde Mächtigkeit des Mittleren Muschelkalks erklären lassen. Offenbar ist die in den Höhenlinienplänen erkennbare Struktur des Gebiets von Buchenau-Mihla (Abb. 1 und 2) im wesentlichen das Ergebnis saxonischer Tektonik.

Daß zur Zeit der Bildung des Rötsalzes andere Richtungen im Sedimentationsraum vorherrschend waren, kann man aus der nordöstlichen Erstreckung des Steinsalzlagers ableiten (Abb. 2). Es fügt sich in keiner Weise in die nach Osten einfallende Muldenzone dieses Gebiets ein. Da die Bohrung A 11 im Südwesten zwar eine Mächtigkeitsminderung des Salzlagers, jedoch sonst ein normales Profil feststellte, kann möglicherweise mit einer Fortsetzung des Lagers in südwestlicher Richtung gerechnet werden. Einen gewissen Anhalt für diese Auffassung gewährt die Lage der Saline Wilhelmsglückbrunn in etwa 3,5 km südwestlicher Entfernung. Wenn auch wahrscheinlich das Salzlager im Bereich der Störungszonen der Ebenauer Köpfe und der nordöstlichen Randspalten des Creuzburger Grabens durch Auslaugung mehr oder weniger stark beeinflußt worden sein wird, kann man doch ein ursprünglich langgestrecktes Lager von mindestens 5 km Länge annehmen. Unter Umständen besteht auch noch in nordöstlicher Richtung eine Fortsetzung des Salzlagers, jedoch könnte es sich nur um einen schmalen Streifen von etwa 300 m Breite handeln.

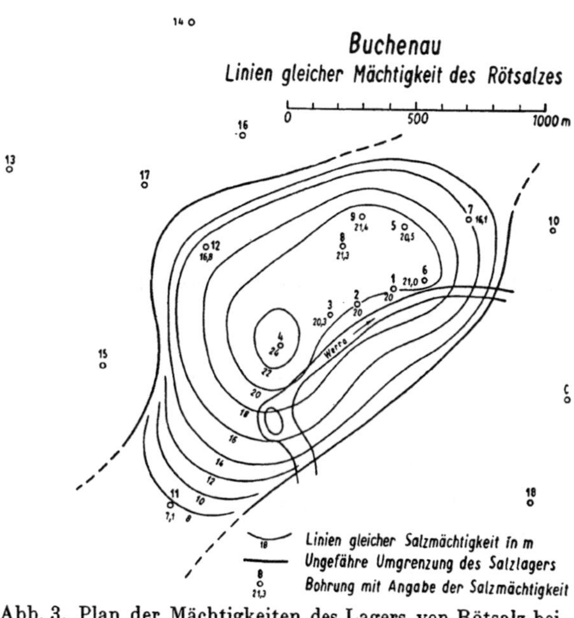

Abb. 3. Plan der Mächtigkeiten des Lagers von Rötsalz bei Buchenau

Aus der Darstellung der Mächtigkeit des Salzlagers (Abb. 3) geht ebenfalls die NO-Erstreckung des Rötsalzes klar hervor.

Es ist bemerkenswert, daß das Rötsalz in einer Zone abgelagert wurde, die nach der geologisch-gravimetrischen Karte von Mitteldeutschland 1 : 200000 (zusammengestellt von G. SIEMENS, 1952) eine NO gestreckte positive Schwerezone mit über 10 Milligal zeigt (Abb. 4). Dieses etwa 5 km lange relative Schwerehochgebiet biegt im Nordosten in die Südost- und im Südwesten in die Nordwestrichtung um. Dabei leitet die nordöstliche Umbiegung in die Schwellenzone des Hainich über, während die südwestliche (bis über 13 Milligal) die Horstzone der Entenkaute im Creuzburger Graben kennzeichnet.

Dem Creuzburger Schwerehoch liegt nordwestlich eine gleichfalls nordöstlich gestreckte sehr ausgeprägte negative Schwerezone (bis —0,3 Milligal) bei Treffurt vor, die im Nordosten einen gewissen Zusammenhang mit der NW gestreckten Mühlhäuser negativen Schwerezone aufweist.

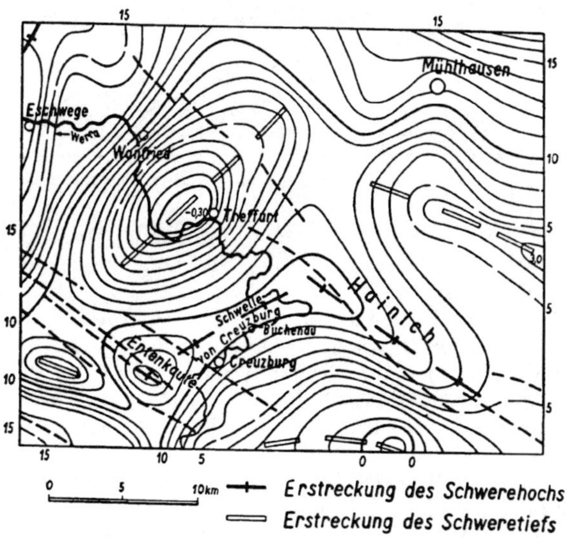

Abb. 4. Teilausschnitt aus der geologisch-gravimetrischen Karte von Mitteldeutschland 1 : 200000 (zusammengestellt von G. SIEMENS, 1952)

Die Creuzburger positive Schwerezone ist offenbar durch eine Grundgebirgsschwelle, die Schwelle von Creuzburg, bedingt. Diese Auffassung wird durch das Ergebnis der Bohrung Buchenau A 6 bestätigt, die unter dem Zechstein in einer Tiefe von 952,7—958,6 m einen stark beanspruchten grünlichgrauen und rötlichbraunen Schiefergneis antraf. Sinngemäß muß man dann auch unter der positiven Schwerezone des Hainich eine NW-gestreckte Grundgebirgsschwelle vermuten.

Es ist noch unklar, ob man die starke negative Schwerezone westlich Treffurt als ein tief eingesenktes Becken im Grundgebirge oder als verborgene Kuppe eines Granits von relativ geringem spezifischem Gewicht zu deuten hat. Sollte es sich um ein tief eingesenktes Becken handeln, so könnte man darin noch rotliegende und gegebenenfalls oberkarbonische Sedimente erwarten. Auf jeden Fall ist sowohl bei den negativen als auch bei den positiven Achsen eine bemerkenswerte Umbiegung aus der NO- in die SO-Richtung zu erkennen, entsprechend einer Vergitterung erzgebirgischer und hercynischer Elemente.

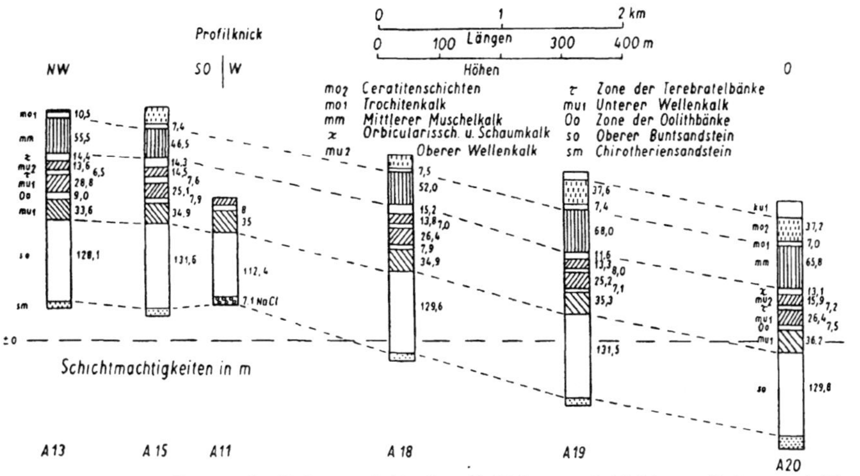

Abb. 5. Säulenprofile von der Bohrung A 13 über die Bohrung A 11 bis zur Bohrung A 20

Es war bereits festgestellt worden, daß die in NO-Richtung gestreckte Rinne, in der das Rötsalz zur Ablagerung kam, etwa mit einem Grundgebirgsrücken, der Creuzburger Schwelle, die sich im Schwerebild ausgezeichnet erkennen läßt, zusammenfällt (Abb. 4). Aus den Ablagerungsverhältnissen kann man nun den Schluß ziehen, daß diese Schwellenregion bis ins Unter- und Oberrotliegende bestand, dann im Zechstein untertauchte, wobei sich später, zur Zeit der Rötsalzbildung im unteren Röt, örtlich eine tiefe Rinne ausbildete, die sich jedoch im oberen Röt durch eine geringere Absenkung gegenüber ihrer Umgebung wieder ausglich und wahrscheinlich sogar zurückblieb. Solche alternierenden Bewegungen und Umkehrungen im Bewegungssinn sind vielfach beobachtet worden. Für das Gebiet der Mitteldeutschen Schwelle, zu deren nördlichem Randgebiet die Creuzburger Schwelle gehört, hat R. BRINKMANN (1948) gezeigt, wie sie sich im Altpaläozoikum ausbildete, im Unterkarbon am höchsten herausgehoben wurde, sich im Rotliegenden langsam in einzelne Schollen auflöste und im Zechstein im wesentlichen allmählich versank.

Die den Röt unterlagernden Schichten des Chirotheriensandsteins, die durch viele graue bis rötliche nadelkopfgroße Konkretionen von Chalzedon gut gekennzeichnet sind, zeigen manchmal an der Grenzfläche gegen den Röt ein starkes Relief. Neigungen von 30°, sogar von 45°, wurden im Bohrkern beobachtet.

An der Basis des Röts liegt 0,8 bis 1,1 m hell- bis dunkelgrauer dichter Anhydrit, der an der Grenze gegen das Steinsalz nierig-feingebändert entwickelt ist. Darüber folgen in einer rinnenartigen Vertiefung bis 24 m graues grobkristallines, zuoberst gelbliches bis rötliches, unreines toniges Steinsalz. Das Steinsalz zeigt unten feine anhydritische Bänderung, oben Tonlöser. Wo das Steinsalz nicht vorhanden ist, kamen toniger Anhydrit und Wechsellagerungen von Schieferton und Schiefermergel mit Anhydrit zur Ablagerung. Der größte Teil des Röts besteht aus roten und grauen Schiefertonen und

Um die Mächtigkeitsverhältnisse im Oberen Buntsandstein und vor allem im Muschelkalk besser darstellen zu können, ist das Profil von der Bohrung A 13 über A 11 bis zu A 20 im Höhenmaßstab 5fach überhöht gezeichnet (Abb. 5). Während sich im Oberen und Unteren Muschelkalk nur verhältnismäßig geringe Mächtigkeitsschwankungen erkennen lassen, zeigt der Mittlere Muschelkalk mit einem geringsten Wert von 45 m und einem größten Wert von 68 m ziemlich erhebliche Schwankungen. Diese Unterschiede sind größtenteils auf den mehr oder weniger stark ausgelaugten Gips zurückzuführen.

Zur besseren Darstellung der Lagerungsverhältnisse des Röts wurden stark überhöhte Spezialprofile (Abb. 6) gezeichnet. Sie wurden auf die Basis des Röts bezogen. Die Bohrungen zeigen den stark wechselnden Aufbau dieser Schichtenfolge. Wenn in einigen Profilen Anhydrit und Gips vor allem in den unteren und oberen Abteilungen des Röts häufiger auftreten, zeigen andere wieder eine verschiedene Verteilung. Offenbar wird das Steinsalz in den nicht fündigen Bohrungen durch Anhydrit und Ton in geringerer Mächtigkeit vertreten. Der Fazieswechsel geht auf eine sehr kurze Erstreckung vor sich.

Der schnelle fazielle Wechsel von Steinsalz zu Anhydrit ist sehr bemerkenswert. Die weiteren Möglichkeiten, tektonische Verpressung und sekundäre Auslaugung, die zeitweise z. T. als Erklärung in Betracht gezogen wurden, kommen bei den aufgezeigten Befunden nicht mehr in Frage. Daß bei dem starken Fazieswechsel stellenweise primäre Ablaugung oder Wiederauflösung eine Rolle gespielt haben mag, kann aus einigen Beobachtungen an den Kernen gefolgert werden.

Ein Fazieswechsel Steinsalz—Anhydrit ist durch verschiedene Beckentiefen und Konzentrationsverhältnisse zu erklären. Offenbar wurde eine NO gestreckte Rinne nach Absatz einer geringen Anhydritschicht mit Steinsalz gefüllt. Randlich erfolgte eine schwache Sedimentation von Anhydrit. Schließlich ging die Sedimentation in eine tonig-mergelige Fazies über, die zeitweise mit anhydritischen Lagen, manchmal auch mit Knollen von Anhydrit wechselt. Häufig finden sich im Röt mit Gips (vielfach Fasergips), manchmal auch mit Steinsalz ausgeheilte Klüfte. Beim Bohren ergibt sich in den Schichten des Röts im allgemeinen ein hoher Kerngewinn.

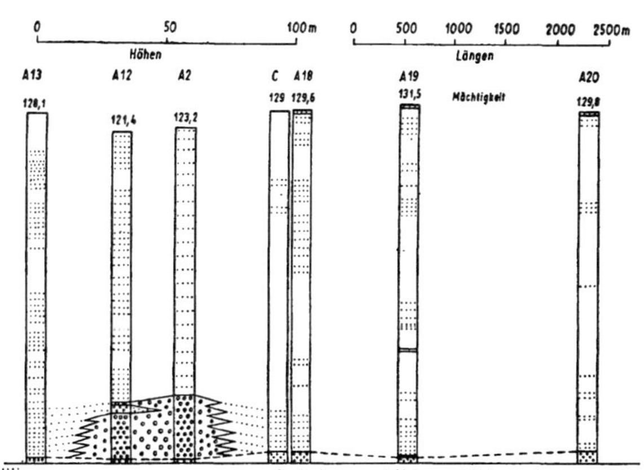

Abb. 6. Spezialprofile für den Röt

Schiefermergeln mit unregelmäßig eingeschalteten Anhydritlagen und -bändern, wobei manchmal zusammengestauchte Partien infolge subaquatischer Rutschungen zu beobachten sind. Im oberen Teil treten auch geringmächtige Bänkchen eines hellgrauen Sandsteins auf. An der Grenze gegen den Unteren Muschelkalk sind stellenweise gelbe und graue Dolomitbänke und plattige Dolomite entwickelt, manchmal kommen jedoch auch mehr kalkige und mergelige Gesteine vor.

Wie bei der Bohrung A 15 durchgeführte chemische Untersuchungen ergeben haben, bauen sich die obersten 4 m der Myophorienschichten des Oberen Röts aus Dolomitmergeln auf, die nach oben mehr kalkig werden. Gleichzeitig geht auch der nennenswerte $CaSO_4$-Gehalt erheblich zurück.

Die Grenze zum Unteren Muschelkalk ist auch im Chemismus klar erkennbar. Der etwa 35 m mächtige Untere Wellenkalk unter der Zone der Oolithbänke stellt einen unreinen Kalk mit etwa 4% $MgCO_3$, knapp 3,9% $CaSO_4$, 7,5% SiO_2 und 4% R_2O_3 dar. Die gleiche scharfe Grenze zwischen dem obersten Röt und dem untersten Wellenkalk stellte G. BÖTTCHER (1952) im Kalkbruch Steudnitz fest.

Die Zone der Oolithbänke ist[1]) bei 7,95 m Mächtigkeit durch 2 harte schaumkalkartige bis feinkristallindichte Kalkbänke (0,75 m unten und 4,65 m oben) gekennzeichnet, die durch eine 1,0 m starke Wellenkalkpartie getrennt sind. Zuoberst ist in einer Mergelkalkpartie nochmals eine gelbgraue, sehr harte, teils konglomeratische, teils schaumkalkartige bis kavernöse geringmächtige Kalkbank ausgebildet. Die basale Oolithbank hat mit 11% $MgCO_3$ die Zusammensetzung eines dolomitischen Kalks. Dann folgt eine 1,35 m mächtige, fast rein kalkige Zone, während die oberen 5 m der Oolithzone und des Übergangs zum Unteren Wellenkalk über den Oolithbänken stark dolomitisch entwickelt sind. Der $CaSO_4$-Gehalt der Zone der Oolithbänke ist sehr gering und schwankt zwischen 0,5 und 1,4%. Die dolomitische Ausbildung der Zwischenmittel der Oolithbankzone konnte auch in dem Steinbruch an der Feuerkuppe beim Kalischacht Immenrode (Blatt Schernberg, 4630) nachgewiesen werden.

Der Untere Wellenkalk über der Oolithzone ist bei grauer bis graublauer Farbe meist flaserig, mit Knauern struiert, selten ebenflächig ausgebildet. Es handelt sich um einen schwach verunreinigten Kalk mit 86,8% $CaCO_3$ und nur 2% $MgCO_3$.

In der 7,6 m mächtigen Zone der Terebratelbänke treten in der unteren 2,3 m mächtigen Partie mehrere harte dunkelgraue, manchmal auch graugelbe Bänke hervor. Besonders charakteristisch sind im liegenden Teil eine Konglomeratbank und im hangenden eine kavernöse Schaumkalkbank. Dann folgt eine 3,6 m mächtige dunkelgraue Zone von flaserigem Wellenkalk. Zuoberst sind 3 harte gelbe Kalkbänke von kristalliner, z. T. auch schaumkalkähnlicher Struktur ausgebildet, die mit Zwischenlagen von Wellenkalk insgesamt 1,7 m erreichen. Es handelt sich im Durchschnitt um Kalke mit rund 90% $CaCO_3$ und 1–3% $MgCO_3$. Spezielle Untersuchungen der Kalkbänke im unteren und oberen Teil der Zone der Terebratelbänke ergaben reine Kalke mit 93–96% $CaCO_3$; 1–2% $MgCO_3$; 0,6–2,4% SiO_2; 1,6–2,5% R_2O_3 und 0,1–0,2% $CaSO_4$.

[1]) In der Bohrung A 15.

Der Obere Wellenkalk ist bei einer Mächtigkeit von 14,5 m z. T. ebenflächig, meist flaserig-kleinknauerig ausgebildet. Es handelt sich um einen etwas verunreinigten Kalk mit 85,8% $CaCO_3$ und 2% $MgCO_3$ sowie 0,5% $CaSO_4$, 7,7% SiO_2 und 3,7% R_2O_3.

In der 14,3 m mächtigen Schaumkalkzone einschließlich der Orbicularisschichten ließen sich im unteren Teil 3 Kalkbänke von 1,3 m, 0,8 m und 2,0 m Stärke unterscheiden, von denen die untere und obere als Schaumkalk ausgebildet waren, während sich die mittlere von eigelber Farbe dicht bis feinkristallin mit einzelnen Kavernen zeigte. Die untere Schaumkalkbank stellt noch einen Kalk mit 90% $CaCO_3$ und 2,2% $MgCO_3$ sowie 0,5% $CaSO_4$ dar. Dagegen wird schon die nächste Bank von einem dolomitischen Kalk und die obere Bank von einem kalkigen Dolomit gebildet. Mit Gehalten von 0,1 bis 0,24% ist $CaSO_4$ sehr gering zugegen.

W. SCHUBERT (1955) konnte im Buchenauer Kalkbruch für die Schaumkalkbänke und deren Zwischenmittel einen starken faziellen Wechsel von kalkigen zu dolomitischen Gesteinen feststellen, der eine syngenetische Metamorphose nahelegt. Bei der Dolomitisierung der Kalke geht im allgemeinen deren Schichtung verloren.

Eine im Juli 1958 im Buchenauer Kalkbruch für die Zone der Schaumkalkbänke vorgenommene Überprüfung der chemischen Zusammensetzung ergab in den Orbicularisschichten kalkig-mergelige Dolomite mit 8–13% SiO_2 und 3–5% R_2O_3 sowie 0,2–0,4% $CaSO_4$. In der obersten Schaumkalkbank wurde ein dolomitischer Kalk mit 73% $CaCO_3$, 22% $MgCO_3$, 0,42% $CaSO_4$, 2,5% SiO_2 und 1,8% R_2O_3 festgestellt. In dem Zwischenmittel zwischen der oberen und der mittleren Schaumkalkbank treten von oben nach unten Bänke von Kalk und kalkigem Dolomit auf. Die Werte des $CaCO_3$ schwankten darin zwischen 38% und 56%, des $MgCO_3$ von 19–35%. Die $CaSO_4$-Werte lagen bei 0,1–0,4%; SiO_2 bewegte sich zwischen 6% und 23% und R_2O_3 zwischen 3% und 7%.

Für den Mittleren Muschelkalk wurden Mächtigkeiten zwischen etwa 45 m und 56,4 m festgestellt. Lediglich in den beiden östlichen Bohrungen A 19 und A 20 erreicht der Mittlere Muschelkalk Mächtigkeiten von 68 m und 65,8 m. Da in der Bohrung A 19 außer Wechsellagerungen von Schieferton und Anhydrit noch ein etwa 5 m starkes Gipslager angetroffen wurden und in den übrigen Bohrungen vielfach Auslaugungserscheinungen beobachtet werden konnten, ist anzunehmen, daß die geringeren Mächtigkeiten im wesentlichen auf Gipsauslaugung zurückzuführen sind. Die im allgemeinen sehr geringen Kerngewinne weisen gleichfalls auf Auslaugungsprozesse mit erheblichen Störungen in der Schichtenlagerung hin. Im übrigen wird der Mittlere Muschelkalk aus Schiefertonen, Dolomitmergeln und Bänken von Dolomit und kalkigen Dolomiten aufgebaut. Lediglich am Übergang zum Oberen Muschelkalk können bereits geringmächtige Bänke von schwach dolomitischen Kalken auftreten.

Ein in der Bohrung A 19 etwa 6 m unter der Basis des Oberen Muschelkalks angetroffener 15 cm mächtiger Geröllhorizont mit Kalksteingeröllen von 1–3 cm Durchmesser wurde in der Bohrung A 20 gleichfalls festgestellt, jedoch waren nur noch löcherige Partien mit Kalzitneubildungen zu beobachten. Eine ähnliche Beobachtung wurde in der Bohrung A 17 gemacht.

Im Oberen Muschelkalk ergaben sich für den Trochitenkalk Mächtigkeiten, die zwischen 11 und 7 m schwanken, wobei sich in großen Zügen eine Abnahme in östlicher Richtung erkennen läßt. Für die Ceratitenschichten wurden die Mächtigkeiten von 37,6 und 37,2 m bestimmt. Der Trochitenkalk baut sich aus Kalken mit über 90% $CaCO_3$ und 2–5% $MgCO_3$ auf. Auch in den darüber folgenden Ceratitenschichten wurden an der Basis gleichfalls günstig beschaffene Kalke festgestellt.

Eine feinstratigraphische Aufnahme des Oberen Muschelkalks der Bohrung A 20 wurde im Rahmen einer Diplomarbeit (C. REH 1958) durchgeführt, die das Vorkommen von Mikrofossilien in dieser Schichtenfolge untersuchen sollte. Es ergab sich dabei, daß auch im Oberen Muschelkalk des Thüringer Beckens Conodonten sehr häufig vorkommen.

Der große Anteil von Schill- und Bruchschillkalken, das Auftreten von oolithischen Kalken sowie von Lagen mit flachen Kalkgeröllen, ferner der starke Wechsel zwischen kalkigen und mergeligen Sedimenten sprechen für eine verhältnismäßig küstennahe Lage des mit der Bohrung A 20 untersuchten Sedimentationsraumes im Oberen Muschelkalk.

Zusammenfassung

Die Erkundungsarbeiten der Rohstoffvorkommen für die Sodafabrik Buchenau wurden nicht nur nach der Aufgabenstellung wirtschaftlich ausgewertet, sondern ergaben auch nach sorgfältiger Bearbeitung einige bemerkenswerte regionalgeologische, stratigraphische, paläontologische, petrochemische und petrogenetische Feststellungen.

An diesem Beispiel sollte die Bedeutung einer intensiven geologischen Bearbeitung des bei den geologischen Erkundungsarbeiten in reichem Maße anfallenden geologischen Tatsachenmaterials unterstrichen werden. Ganz zweifellos werden sich dadurch unsere Vorstellungen über den geologischen Aufbau vieler Gebiete vertiefen lassen, was letzten Endes wieder einer gezielten Erkundung auf mögliche Lagerstätten von wirtschaftlicher Bedeutung zugute kommen wird.

Literatur

K. BARTHOLOMÄUS: Bodensenkungen im Gefolge des Solverfahrens im Rötsalz von Buchenau. – Diplomarbeit. Bergakad. Freiberg 1957 (Manuskript).

G. BÖTTCHER: Möglichkeiten der Verbesserung der Abbautechnik in den Kalksteinbrüchen der Zementindustrie. Silikattechnik. 3. H. 6. 1952. S. 257–260.

R. BRINKMANN: Die Mitteldeutsche Schwelle. Geol. Rdsch. 36. 1948. S. 56–66.

M. DIETRICH: Der präsalinare Untergrund der Thüringer und der Fränkischen Mulde. Diplomarbeit. Univ. Jena 1958 (Manuskript).

E. NAUMANN: Erläuterungen zu Blatt Creuzburg. 1907.

C. REH: Conodonten aus dem Oberen Muschelkalk des Thüringer Beckens. Diplomarbeit. Univ. Jena 1958 (Manuskript).

W. SCHUBERT: Die Grenze zwischen Unterem und Mittlerem Muschelkalk in Mitteldeutschland. Univ. Jena 1955 (Manuskript).

Akten des Geologischen Dienstes Jena mit Gutachten und Berichten von F. DEUBEL, W. HOPPE, H. REH, W. BERTHOLD, M. STRUMPF, H. J. RÖSLER.

Bohrarchiv des Geologischen Dienstes Jena.

Geolog. Spezialkarte 1:25000 Blatt Creuzburg, Nr. 4927 von W. FRANTZEN und E. NAUMANN 1904/05.

Geologisch-gravimetrische Karte von Mitteldeutschland 1:200000 (zusammengestellt von G. SIEMENS 1952).

Wasser und Erdölprospektierung

ALF GIESSLER, Halle/Saale

„Das Wasser ist der gefährlichste Feind des Ölmannes", so urteilt HANS HLAUSCHEK noch 1927. Er weist darauf hin, daß das Wasser wegen seines größeren spezifischen Gewichtes das Öl und Erdgas verdrängt, den Ölsand überschwemmt und den Zufluß von Öl und Gas zum Bohrloch verhindert. Seine Begründung ist völlig stichhaltig und doch bedarf dieses Urteil über das Wasser in seiner Bedeutung für die Erdölprospektierung einer kritischen Revision. Zu diesem Zwecke mögen einige kurze Bemerkungen zur Systematik und Begriffsdefinition der Ölfeldwässer vorausgeschickt werden.

Unter Ölfeldwässern verstehen wir, wie dies auch KREJCI-GRAF, HECHT und PALSER darlegen, die Gesamtheit der in Ölfeldern anfallenden Wässer. Die Unterteilung dieser Wässer aber kann eigentlich nicht sorgfältig genug geschehen, selbst wenn ihre einwandfreie analytische Unterscheidung und Eingruppierung geochemisch und geohydrologisch hier und da auf Schwierigkeiten stößt. Der Begriff „Tagwässer", für die subaerischen und oberen Grundwässer gemeinsam gewählt, wird montanhydrologisch häufig durch den Begriff „Hangendwässer" ersetzt. Ihm gegenüber stehen die Wässer des Öllagers selbst, also die eigentlichen Erdölwässer. Bei Durchmischung mit Öl werden sie als Emulsionswässer bezeichnet und soweit sie die seitliche Begrenzung, die Randwasserlinie bilden oder auch das Ölvorkommen tragen, als Randwässer und Ölsandgrundwässer angesprochen. Im horizontierten Lager bleiben dann noch die unter den wahlweisen Bezeichnungen Zwischen-, Mittel- oder Schichtwässer bekannten Ölfeldwässer zu beachten. Sie werden zweckmäßigerweise als Übergangswässer zusammengefaßt. Der Begriff Liegendwässer bleibt für Wässer im tieferen Untergrund unter dem Öllager reserviert. Somit ergibt sich untenstehende schematische Gliederung.

Abgesehen von den Gefahren und negativen Momenten, die der Erdöllagerstätte durch vernachlässigte oder unsachgemäße hydrologische Sicherung der einzelnen Sonden und Bohrungen drohen, gibt es doch eine Reihe von Gesichtspunkten, die dazu zwingen, den verschiedenen Gliedern der Ölfeldwässer einen jeweils ganz spezifischen, positiven Wert beizumessen, wie die folgenden kurzen Hinweise zeigen sollen.

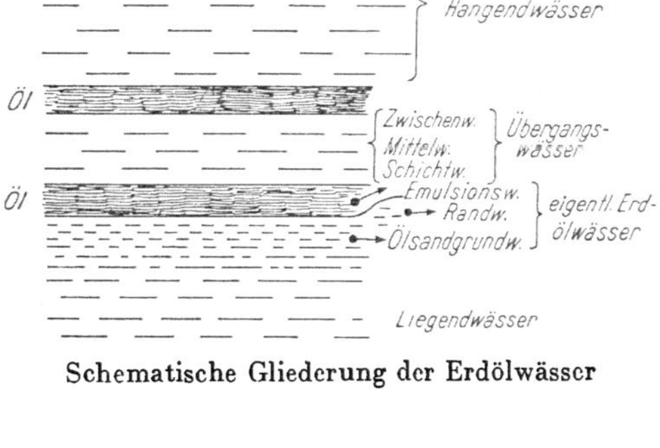

Schematische Gliederung der Erdölwässer

1. Der Chemismus der verschiedenen Arten der Ölfeldwässer weist charakteristische Merkmale auf. Sie bieten während des Bohrvorganges wichtige Hinweise auf die Höffigkeit.

a) Bei den Tagwässern überwiegen Sauerstoffsäure-Ionen (HCO_3'; CO_3''; SO_4'') mit Verschiebungen der prozentualen Mengenverhältnisse je nach humiden und ariden Gebieten. Die Menge der Sauerstoffsäuren liegt über dem Äquivalent der vorhandenen Erdalkalien.

b) Die eigentlichen Erdölwässer sind chloritisch. Die Messung der Sauerstoffsäuren liegt unter dem Äquivalent der Erdalkalien. Meist sind Anreicherungen der biophilen Elemente Kalium, Bor, Brom und Jod festzustellen.

c) Wichtig ist die statistisch gesicherte Beobachtung, daß die Salzgehalte der eigentlichen Erdölwässer weder quantitativ noch qualitativ mit der Salinitätsfazies des Ablagerungsraumes übereinstimmen. Damit wird die Hypothese des „connate water" (miteingeschlossenes Wasser des Sedimentraumes) widerlegt. Gleichzeitig wird damit die Theorie gestützt, daß bei der Erdölbildung aus der Trockensubstanz der Organismen das für die Erdöllager grundsätzlich typische, chemisch gleichartige Erdölwasser frei wird.

d) In den Übergangswässern überwiegen die Alkalien über die Erdalkalien.

Dieser verschiedene aber spezifische, chemische Charakter aller Erdölwässer bietet also die Möglichkeit, durch eine gewissenhafte chemisch-geohydrologische Überwachung und Analysierung der Bohrungen wertvolle Fingerzeige für die Höffigkeit oder auch Nichthöffigkeit bei der Erdölprospektierung zu bekommen. Selbstverständlich setzt dies eine genaue, vorher festzulegende Arbeitsweise für den Bohrvorgang voraus. Außerdem muß eine eigens für die geohydrologische Betreuung zur Verfügung stehende, geschulte Arbeitskraft (Geohydrotechniker) an jeder Bohrung eingesetzt werden. Dann kann das gewonnene geohydrologische Beobachtungsmaterial an zentraler Stelle vom Geohydrologen einheitlich ausgewertet und nutzbar gemacht werden.

Dabei sei darauf hingewiesen, daß auch die weiteren, im Interesse einer vollen wissenschaftlichen und wirtschaftlichen Ausnutzung der höffigen oder auch der nichthöffigen Erdölbohrungen erforderlichen Messungen, Beobachtungen und Untersuchungen von diesem Geohydrotechniker mit zu erledigen sind. Er dürfte damit ausreichend beschäftigt sein und seine Daseinsberechtigung somit außer Zweifel stehen.

2. Die Temperatur der eigentlichen Erdölwässer (Emulsionswässer) ist meist beträchtlich hoch. Dies ist einmal auf die Tiefe der Bohrungen und die damit verknüpfte Temperaturzunahme des Gebirges und der Wässer entsprechend der jeweiligen spezifischen geothermischen Tiefenstufe zurückzuführen. Andererseits können Erdöllager aber auch auf Grund chemischer und mikrobiologischer Umsetzungen beträchtliche Eigenwärme entwickeln. Die messende Verfolgung der Bohrlochtemperatur bzw. der geothermischen Tiefenstufe und ihre Änderung ist daher ein weiterer, außerordentlich wichtiger Faktor, der gleichfalls in laufenden Zahlenreihen und graphischen Darstellungen zur wissenschaftlichen und praktischen Gesamtauswertung der Bohrungen zur Verfügung stehen muß.

3. Schließlich bleibt als dritter wichtiger Indikator für die Höffigkeit einer Erdölbohrung noch die mikrobiologische Analyse, die aber hier nicht weiter behandelt werden soll.

Ein ganz entscheidendes, gerade bei unseren Erdölbohrungen in der DDR noch nicht befriedigend gelöstes Problem ist die wirtschaftlichere Gestaltung der Erdölprospektierung durch hydrologische Nutzung von nichthöffigen Bohrungen. Folgende Punkte sind dabei zu beachten:

a) Die angeschnittenen süßen Grundwässer sind jeweils auf ihre Verwendungsfähigkeit für Trink- und Brauchwasserzwecke zu prüfen.

b) Desgleichen sind diese Wässer für den Betrieb von landwirtschaftlichen Beregnungsanlagen zu überprüfen.

c) Salzwässer sind auf die Gewinnung von Salz, sowie besonderen Elementen, wie beispielsweise Brom und Jod zu untersuchen.

d) Ölfeldwässer bedürfen einer jeweiligen Vorüberprüfung auf medizinische Nutzungsmöglichkeit.

e) Heiße Wässer bedürfen der Überprüfung auf wärmewirtschaftliche Nutzung.

f) Desgleichen bedürfen heiße Wässer einer Vorüberprüfung auf Verwendungsfähigkeit als Thermalwässer (Heilwässer).

Selbstverständlich ergibt sich in manchen der genannten Fälle die Notwendigkeit, wirtschaftliche Lösungen zur Nutzung der bisher als wertlos verlorengegebenen Wässer auf dem Wege über neue technologische Lösungen zu finden. Aber dieser Umstand darf nicht abschrecken, weder bei der Erdölprospektierung in der DDR, wie überhaupt grundsätzlich in weniger höffigen bzw. weniger ergiebigen Erdölgebieten Europas. Daß dabei hydrologisch und technisch sehr sorgfältig und vorsichtig gearbeitet werden muß, um durch Wasserentnahmen nicht unerwünschte statische und dynamische Veränderungen in Erdöl- oder Erdgaslagern hervorzurufen, sei besonders unterstrichen.

Zwei Verhaltensweisen sind jedoch unbedingt zu vermeiden:

a) Die Verfüllung nichthöffiger Bohrungen vor Abschluß sorgfältigster Überprüfung aller sonstigen Nutzungsmöglichkeiten besonders unter hydrologischen Gesichtspunkten.

b) Das wilde Laufenlassen nichthöffiger Bohrungen, die irgendwelche vollgespannten (artesischen) Wässer angeschnitten haben.

Um mit einiger Sicherheit über die Fakten 1 und 2a—f urteilen zu können und wirtschaftlich tragbare sowie technologisch brauchbare Lösungen zu den Punkten 2a—f entwickeln zu können, macht sich erforderlich, die vom Geohydrotechniker gewonnenen Meßergebnisse sorgfältigst geohydrologisch auszuwerten. Dazu gehört eine gesonderte Darstellung der geohydrologischen Profile sowie eine Gruppierung und graphische Darstellung der sämtlichen, während der Einzelbohrung und der Feldesbohrungen gewonnenen Wasseranalysen-Ergebnisse. Für die chemische Vorgruppierung der Analysenergebnisse sei zur Orientierung auf die entsprechenden Arbeiten der eingangs genannten drei Autoren hingewiesen. Sie haben derartige Arbeiten für die Ölfeldwässer des Wiener Beckens durchgeführt. Jedoch wird für jedes größere Erdölfeld auf Grund seiner geochemischen und geohydrologischen Besonderheit eine den spezifischen Verhältnissen adäquate

Synopsis entwickelt werden können. Dies entspricht durchaus den Erfahrungen auf anderen montanhydrologischen Gebieten, wo gleichfalls die Eigenart bestimmter Lagerstättentypen spezielles geohydrologisches Vorgehen und jeweils lagerstätteneigene Synopsis erfordert.

In der SU gibt es sowohl an der Universität Moskau, wie auch an zwei anderen Universitäten eigene hydrogeologische Fakultäten. Die Hydrogeologie ist hier eine Disziplin, die sich nur mit Mineralwässern im Gegensatz zu normalen Süßwässern beschäftigt. Das gewöhnliche Grundwasser wird dort von der Geologie mit bearbeitet. Interessant ist es nun, die vielseitige wissenschaftliche Untersuchung von Mineralwässern einschließlich heißen Wässern kennenzulernen. Sie werden von den sowjetischen Hydrogeologen mit dem Ziele betrieben, eine möglichst umfassende wirtschaftliche Nutzung solcher Wässer zu ermöglichen. Ein Einblick in diese hydrogeologische Forschung anläßlich einer Studienreise hat dem Verfasser die Anregung zu den vorliegenden hydrologischen Bemerkungen zur Erdölprospektierung gegeben. Es wäre sehr zu begrüßen, wenn in Zusammenarbeit mit unserer Erdölforschung noch mehr als bisher sowohl auf dem Gebiete der Energiewirtschaft, durch hydrothermale Ausnutzung von Bohrungen, wie auch auf dem Gebiete des verstärkten Chemieprogrammes und schließlich auch auf dem Gebiete der medizinischen Nutzung, des vorbeugenden Gesundheitsschutzes, wie auch der Heilbehandlung, neue Möglichkeiten erschlossen würden. Sie könnten gleichzeitig den Vorteil einer Steigerung der Ökonomie der Erdölprospektierung bieten.

Literatur

FEAREN, R. E.: Tritium-Newest Tool for Tracing Reservoir Flow. – World Oil; Houston, Tex., USA; Vol. 145, No. 6, Nov. 1957.

GIESSLER, A.: Untersuchung der Ursachen der Senkungskatastrophe von 1947 bei Neumark im Geiseltal. – Bergakademie, 3, 5, 1951.

–: Aufgaben und Methoden der Montanhydrologie. – Freiberger Forschungshefte. Reihe C 9. 1954.

–: Neue Arbeitsmethoden der Montanhydrologie. – Bergakademie, 7, 4, 1955.

HLAUSCHEK, H.: Aufgaben und Arbeitsweisen der Ölgeologie. – Halle (Saale) 1928.

KREJCI-GRAF, HECHT & PASLER: Über Ölfeldwässer des Wiener Beckens. – Geol. Jb. Bd. 74. Hannover, Juli 1957.

IWANOW, W. W.: Die Grundprinzipien der Bildung und Verbreitung der Thermalwässer von Kamtschatka. – Akademie der Wissenschaften der SSSR, Arbeiten der vulkanischen Laboratorien, Ausgabe 13 (russisch).

–: Die Grundstadien der hydrothermalen Tätigkeit der Vulkane von Kamtschatka. – Akademie der Wissenschaften der SSSR, Geochemie, Nr. 5, 1958 (russisch).

Bemerkungen zu den hydrogeologischen Verhältnissen im Raum Borna

MANFRED SPELTER, Leipzig

I. Einleitung

Der jahrzehntelange Braunkohlenabbau im Raum Borna hat zu einer wesentlichen Veränderung der Grundwasserverhältnisse in den quartären und tertiären Schichten geführt. Diese Veränderung zeichnet sich auch in der Wasserversorgung der in diesem Gebiet liegenden Verbraucher ab. Aus den Ablagerungen des Quartärs und Tertiärs wird nur noch an einigen Stellen, die bisher vom Bergbau unberührt blieben oder außerhalb der abbauwürdigen Braunkohlenverbreitung liegen, Wasser gewonnen. Da auch ein Teil dieser Wasserentnahmestellen nur noch zeitlich begrenzte Lebensdauer hat, wird in zunehmendem Maße dazu übergegangen, Grundwasser aus dem prätertiären Untergrund zu erschließen.

II. Die hydrogeologischen Verhältnisse im Raum Borna, Bez. Leipzig

(vgl. Übersichtskarte und S–N-Profile Abb. 1 u. 2)

1. Die Grundwasserführung in den Ablagerungen des Quartärs und Tertiärs

Von den quartären Ablagerungen führen die holozänen und pleistozänen Schotterterrassen der Pleiße, Wyhra und Eula sowie die glazialen Schmelzwassersande und -kiese Grundwasser.

In den tertiären Schichten ist eine größere Wasserführung nur in der Mittleren Flußsandzone und in der sandig-kiesigen mitteloligozänen Randfazies am Ostrand des Weißelsterbeckens vorhanden.

Durch den Braunkohlenabbau im Raum Borna sind die Grundwasserverhältnisse in den quartären und tertiären Schichten stark gestört. Ungestörte Lagerungsverhältnisse bestehen nur noch in den Tagebauvorfeldern sowie unter den alten Ortslagen und unter den Verkehrsbändern. Infolgedessen sind die Grundwasserleiter in den genannten Restgebieten meist allseitig unterbrochen, und die Grundwasserführung ist naturgemäß nur noch sehr gering, so daß keine größeren Wassermengen in diesen Gebieten erschlossen werden können.

Aus den holozänen und rißglazialen Kiesen der Eula entnimmt das Wasserwerk Kesselshain zur Zeit eine Wassermenge von etwa 60 m^3/h. Das Wasser hat eine Gesamthärte von 11,5°d (Karbonathärte 7°d, Nichtkarbonathärte 4,5°d). Zwei Brunnen mit einer Leistung von zusammen etwa 45 m^3/h östlich der Stadt Borna fördern das Wasser aus den mindelglazialen Wyhraschottern sowie aus Schmelzwassersanden und -kiesen des Mindelglazials und nicht, wie HOHL (1958) angibt, aus tertiären Sanden. Durch den Tagebau Borna-Ost kommen die beiden Brunnen östlich der Stadt Borna in Wegfall, und es könnte durch diesen Tagebau auch evtl. eine Beeinflussung der nördlich des Feldes gelegenen Brunnen des Wasserwerkes Kesselshain eintreten. Die östlich der Stadt Borna liegenden Brunnen wurden bereits durch einen Tiefbrunnen in der Altstadt Borna ersetzt, dessen Ansatzpunkt von Prof. Dr. PIETZSCH und Dr. HOHL auf Grund der Ergebnisse der Pionierbohrung 1956 südlich Borna angegeben wurde.

Das Braunkohlenwerk Großzössen hat südwestlich der Ortslage Neukieritzsch eine Wassergewinnungsanlage in Betrieb. In der ehemaligen Tiefbaugrube Breunsdorf wird das Wasser aus den tertiären Schichten von den noch bestehenden ausgemauerten Strecken aus Hangendfilterbohrungen gewonnen. Die geförderte Wassermenge beträgt etwa 60–90 m^3/h. Den Grundwasserleiter bilden die sog. Mittleren Flußsande, die von einem Fluß abgelagert wurden, der nach Bildung des Bornaer Hauptflözes bis zur Entstehung des Böhlener Ober-

	Ergiebigkeit im Pumpversuch		Absenkung beim Pumpversuch	Brunnen-ergiebigkeitsmaß l/s je 1 m Absenkung
	l/s	m³/h	m	
Brunnen 1[38]	7,5	27,0	17,5	0,42
Brunnen 2[38]	6,5	23,4	18,2	0,35

Ergiebigkeit		Absenkung im Betrieb	Brunnenergiebigkeitsmaß l/s je 1 m Absenkung
l/s	m³/h	m	
8,8 bis 15,5	32 bis 56	4,6 bis 10,9	0,81 bis 2,76[1])

[1]) Grenzwerte durch die Ergiebigkeit der Einzelbrunnen errechnet.

flözes das Weißelsterbecken von Altenburg in nördlicher und nordwestlicher Richtung nach Kitzen durchflossen hat. Die Breite der Sandzone beträgt, wo sie das Mittel zwischen dem Bornaer Hauptflöz und dem Böhlener Oberflöz bildet, ca. 2 km und hat eine Mächtigkeit bis zu 50 m. Die Mittleren Flußsande bestehen vorwiegend aus mittelkörnigen, scharfen, reinen Quarzsanden. Durch den Tagebau IV Regis ist der Grundwasserstrom aus dem Süden unterbrochen, so daß sich der Zufluß auf den Westen beschränkt, da auch aus östlicher Richtung infolge des Braunkohlenabbaues und durch die Verzahnung mit tonigen Schichten keine Zuflüsse vorhanden sind. Diese Wasserentnahme ist zeitlich begrenzt, da durch den nördlich vom Fassungsgebiet vorgesehenen Tagebau Peres ein Wasserentzug erfolgen wird und in den späteren Jahren das Fassungsgelände selbst vom Tagebau Schleenhain erreicht wird. Deshalb ist vorgesehen, durch einen Tiefbrunnen im Werksgelände Großzössen aus den prätertiären Schichten Grundwasser zu erschließen.

Im südwestlichen Teil des Weißelsterbeckens führen im Liegenden des Sächsisch-Thüringischen Unterflözes die durchschnittlich 15 m mächtigen Liegendkiese erhebliche Wassermengen. Im Raum Borna dagegen sind diese Kiese nicht vorhanden und die liegenden Partien der tertiären Ablagerungen setzen sich vorwiegend aus Ton mit geringmächtigen Sandlagen zusammen. Dementsprechend sind aus dieser Schichtenfolge keine größeren Wassermengen zu gewinnen. Das Braunkohlenwerk Deutzen liegt auf der Grenze, wo sich die im westlichen Teil des Weißelsterbeckens verbreiteten Liegendkiese mit den in dessen östlichem Teil vorherrschenden tonigen Bildungen verzahnen. Die Brunnen 1[38] und 2[38], die das Werk Deutzen in diesem Übergangsbereich niedergebracht hat, ergaben links oben stehende Ergebnisse.

Im Vergleich dazu weisen zum Beispiel die Brunnen des Teerverarbeitungswerkes Rositz im Gebiet der Brikettfabrik Ramsdorf, wo die Liegendkiese in ihrer normalen Mächtigkeit vorhanden sind, die rechts oben stehenden Ergiebigkeiten auf.

Durch die jahrelange Wasserentnahme ist ein geringfügiger Rückgang der Spannung der Liegendwässer eingetreten.

Der Vergleich zwischen den Brunnen des Werkes Deutzen und den Brunnen des Teerverarbeitungswerkes Rositz zeigt deutlich, wie sich die Ergiebigkeit im Liegenden der Braunkohle, durch den Wechsel der Schichten bedingt, im östlichen Gebiet des Weißelsterbeckens stark vermindert.

Die beiden Brunnen des Werkes Deutzen konnten den Wasserbedarf nicht decken, deshalb wurden Tief-

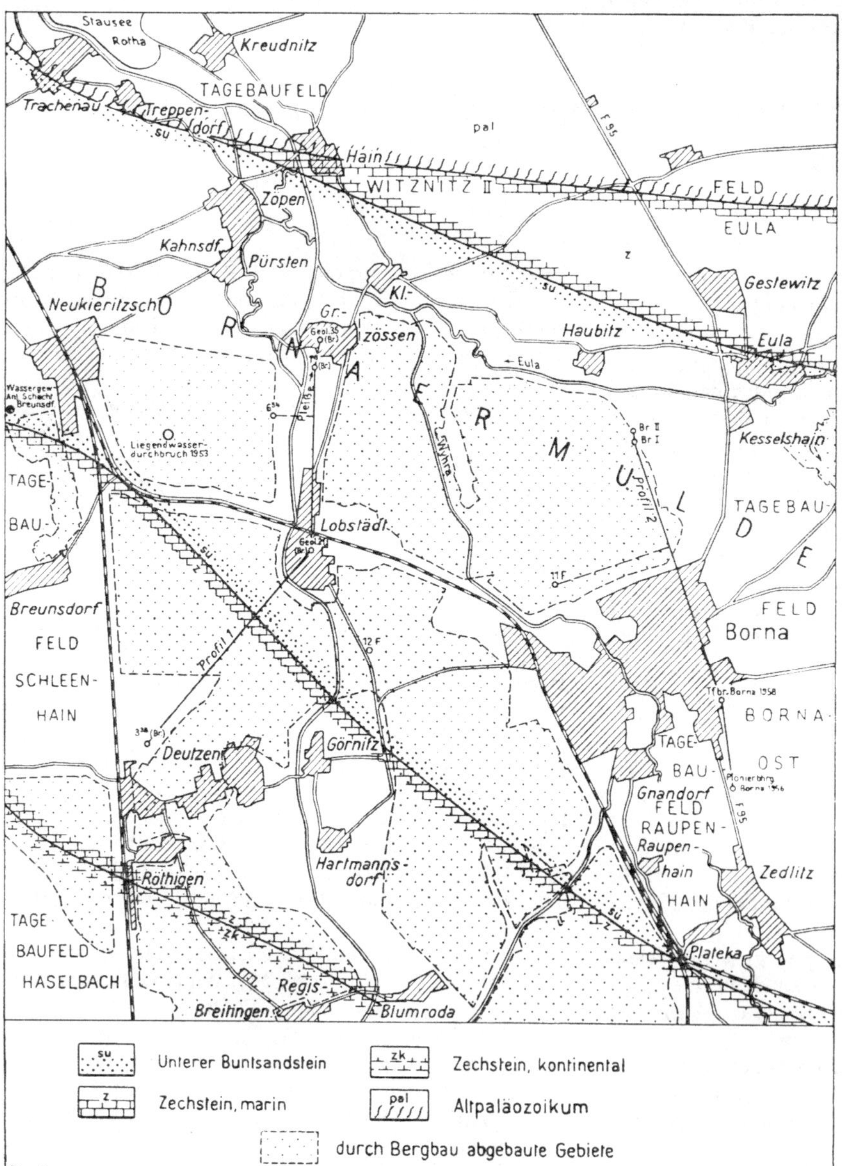

Abb. 1 Maßstab: 1 2 km

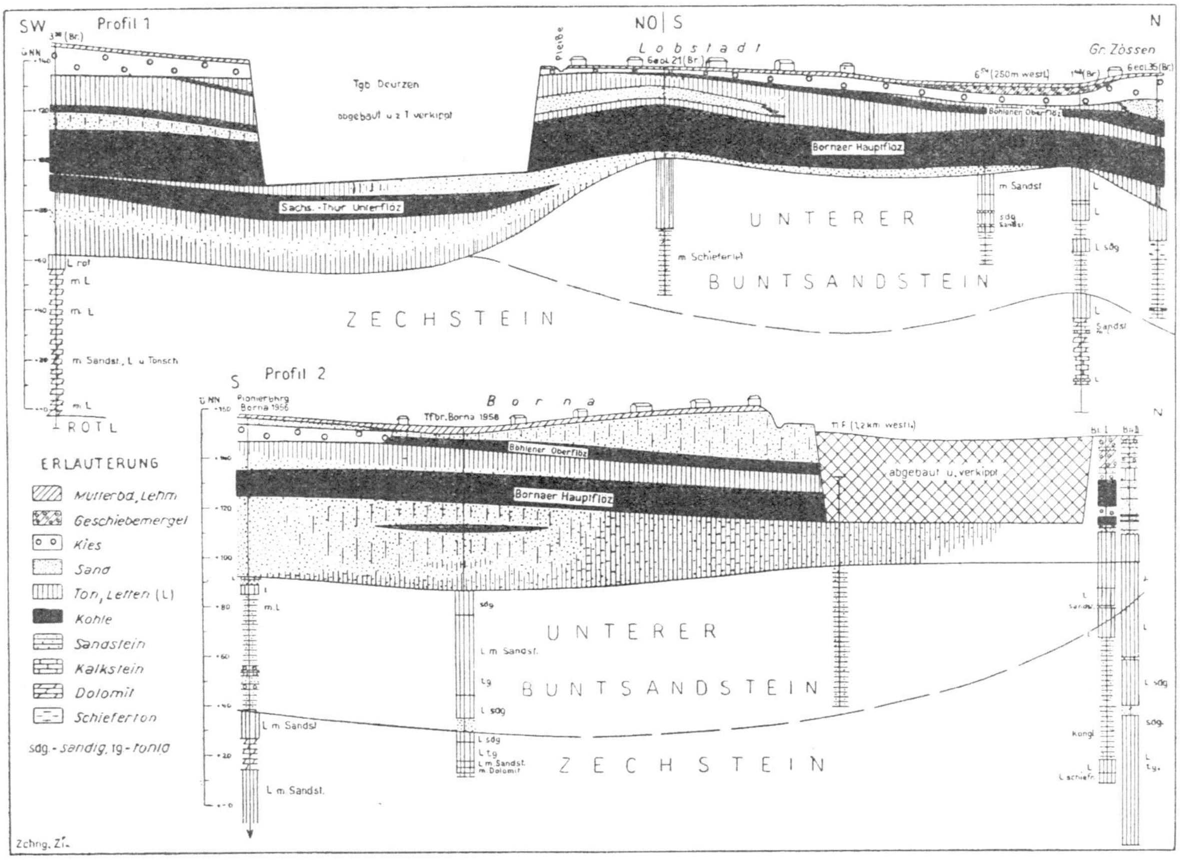

Abb. 2 Längenmaßstab: 0 300 m Höhenmaßstab: 0 30 m

brunnen in die prätertiären Schichten niedergebracht. Diese Brunnen erschlossen aber nur sehr hartes Zechsteinwasser. Man ging infolgedessen in den Jahren 1947 bis 1950 dazu über, das bekannte weiche Liegendwasser durch 6 Brunnen, die von der Tagebausohle des Tagebaues IV Regis niedergebracht wurden, zu erschroten. Die Entnahme betrug zusammen 350 m³/h. Das Liegendwasser hatte starken Auftrieb und floß mit einer Wassermenge von etwa 250–750 l/min je Bohrloch frei zutage aus. Mit der Verkippung des Tagebaues IV Regis entfielen diese Brunnen, und es wurden bei Heuersdorf zwei Tiefbrunnen ins Liegende des Sächsisch-Thüringischen Unterflözes gestoßen. Die Brunnen 9 und 10 weisen eine Leistung von je 45 m³/h auf. Die Gesamthärte von 9,1 °d nahm jedoch im Laufe der Jahre bis auf 28,0°d zu, die vorwiegend durch die Zunahme der Sulfathärte von 2,7 °d auf 19,6°d bedingt ist. Zur Zeit erhält das Werk Deutzen zusätzlich aus den Entspannungsbrunnen in der Löschützrinne des Tagebaues Schleenhain etwa 60–90 m³/h Liegendwasser mit einer Gesamthärte von 7,8°d.

2. Die Grundwasserführung in den Schichten des Unteren Buntsandsteins

In der Übersichtskarte wurde die Verbreitung der anstehenden Schichten des prätertiären Untergrundes nach ENGERT (1957)[1]) dargestellt. Außerdem sind die Tiefbohrungen und Tiefbrunnen eingetragen. Durch den östlichen Teil der Bornaer Mulde wurden zwei S–N-Profile gezeichnet. Aus der Übersichtskarte ist zu ersehen, daß unter dem Tertiär im Raum Borna der Untere Buntsandstein ansteht. Nach ENGERT (1957) bildet der Untere Buntsandstein eine Mulde, die er als Bornaer Mulde bezeichnete. Die Bornaer Mulde wird im Norden durch eine WNW–OSO verlaufende Störung begrenzt. Im Süden, Osten, Westen und im nördlichen Gebiet der Bfk Witznitz streicht der Untere Buntsandstein mehr oder weniger flach aus. Die Schichten fallen also von Süden, Osten und Westen, im Gebiet nördlich Witznitz auch von Norden, nach der Bornaer Mulde ein. Dementsprechend fließt das Grundwasser aus diesen Richtungen nach der Mulde und wird zum Teil an der nördlichen Störungslinie gestaut. Die Abgrenzung des Unteren Buntsandsteins im Hangenden und Liegenden ist nicht in jedem Fall scharf durchzuführen, da im Liegenden ein fließender Übergang zum unterlagernden Zechstein besteht und im Hangenden durch die meist vorhandenen kaolinisierten Schichten an Hand der Bohrmeisterangaben in den älteren Schichtenverzeichnissen eine Trennung des autochthonen kaolinisierten prätertiären Untergrundes von dem umgelagerten kaolinischen Material (Kaolinton u. a.) nicht möglich ist. Die vorgenommene Abgrenzung des Unteren Buntsandsteins ist deshalb in den gezeichneten S–N-Profilen durch den östlichen Teil der Bornaer Mulde nicht absolut feststehend. Der Untere Buntsandstein hat in der Brunnenbohrung 1^{43} von Großzössen eine Mächtigkeit von 48 m, in der Bohrung 12F südlich Lobstädt 44 m und in der Pionierbohrung süd-

[1]) Die verwandte abgedeckte geologische Karte Tafel XXI von ENGERT wurde entsprechend dem Profil 2 Tafel XXXII und der geologisch-tektonischen Karte Tafel XXXIII in bezug auf das Ausstreichen des Zechsteins im Gebiet nördlich der Bfk Witznitz berichtigt.

lich Borna 56 m, im Tiefbrunnen in der Altstadt Borna 56 m, im Brunnen I der Bfk Witznitz 26 m sowie im Brunnen II der Bfk Witznitz 18 m.

Die Schichten des Unteren Buntsandsteins sind in den einzelnen Tiefbrunnen bzw. Tiefbohrungen sehr wechselhaft ausgebildet. Sie bestehen im allgemeinen aus einer Wechselfolge von bunten Letten, Schiefertonen bzw. Schieferletten und Sandsteinbänken. In der Pionierbohrung südlich Borna herrschen die Sandsteinbänke vor. Die Meißelproben der Brunnenbohrung in der Altstadt Borna bestanden vorwiegend aus bunten Letten. Die hohe Ergiebigkeit dieses Brunnens läßt jedoch darauf schließen, daß eine größere Anzahl von Sandsteinbänken eingelagert sind.

Die Wasserführung des Unteren Buntsandsteins beschränkt sich naturgemäß auf die klüftigen Sandsteinbänke, die der Letten- und Schiefertonabfolge zwischengelagert sind. Die Ergebnisse der Wasserbohrungen in dem Unteren Buntsandstein sind in der nachstehenden Tabelle zusammengestellt:

Ergebnisse der Buntsandstein-Wasserbohrungen im Raum Borna

Bezeichnung der Brunnenbohrung	Ergiebigkeit im Pumpversuch		Absenkung	Brunnenergiebigkeitsmaß l/s je 1m Absenkung
	l/s	m³/h	m	
Brunnen 1958 Altstadt Borna	14,4	51,8	7,1	2,0
Pionierbohrung 1956 südlich Borna	11,6	42,0	5,7	2,0
Schulbrunnen 1904 Großzössen	19,0	64,8	als Springquell zutage getreten	

Die Grundwasserführung im Unteren Buntsandstein ist nach den vorstehenden Ergebnissen als sehr gut zu bezeichnen. Das Grundwasser steht in allen Brunnen unter einem hydrostatischen Druck, der 3,7 bis 6,6 atü beträgt. Im Schulbrunnen Großzössen und im Gemeindebrunnen Lobstädt (über die ausgeflossene Wassermenge ist nichts bekannt) trat das Wasser sogar frei zutage aus.

Das unter hohem hydrostatischem Druck stehende prätertiäre Liegendwasser führte 1953 zu einem Liegendwasserdurchbruch im Tagebau II Witznitz, der von R. HOHL (1958) beschrieben wurde. Die ausgetretene Wassermenge von anfangs ca. 2—3 m³/min steigerte sich innerhalb 24 Stunden auf ca. 10—12 m³/min. Der Wasserauslauf ließ im Laufe der Zeit nach, und das Gebiet wurde, nachdem das Wasser abgeführt war, von der nachfolgenden Kippe ohne Schwierigkeiten überschritten. Das Wasser wies eine Gesamthärte von 32,5°d auf, wovon 13,2°d auf die Karbonathärte und 19,3°d auf die Nichtkarbonathärte entfielen. Etwa die gleiche chemische Zusammensetzung hat das Wasser des Brunnens des Werkes Größzössen. Dieser Brunnen steht zwar auch im Unteren Buntsandstein, reicht aber außerdem tiefer in den Zechstein. Die von HOHL (1958) und MEYER (1953) auf Grund der Übereinstimmung des Durchbruchswassers und des Brunnenwassers vertretene Ansicht, daß es sich nur um Buntsandsteinwasser handelt, ist deshalb nicht zutreffend. Vielmehr ist auf Grund der hohen Gesamthärte mit überwiegender Sulfathärte anzunehmen, daß es sich bei dem Durchbruchswasser im Tagebau II Witznitz um vorwiegend Zechsteinwasser handelte, da Buntsandsteinwasser eine wesentlich geringere Gesamthärte aufweist.

Über die Beschaffenheit des Grundwassers aus dem Unteren Buntsandstein liegen Analysenergebnisse von dem Brunnen der Altstadt Borna und von der Pionierbohrung südlich Borna vor. Von den artesischen Brunnen in Lobstädt und Großzössen ist nur bekannt, daß ein weiches Wasser ausgetreten ist.

Analysenergebnisse des Grundwassers aus dem Unteren Buntsandstein

Analyse mg/l oder Härtegrade	Brunnen 1958 Altstadt Borna	Pionierbohrung 1956 südlich Borna
Abdampfrückstand	320,5	208,5
pH-Wert	7,2	6,8
Chlor Cl	30,9	32,7
Kohlensäure gebunden	86,9	53,9
„ frei	22,0	18,7
„ aggressiv	3,5	11,9
Kalk CaO	—	51,0
Magnesia MgO	—	10,8
Sulfat SO_4	—	17,3
Eisen Fe	0,6	0,7
Gesamthärte	11,6	6,6
Karbonathärte	11,1	6,6
Bleibende Härte	0,5	0,0

Es handelt sich also um ein weiches bis mittelhartes Wasser mit fast ausschließlich Karbonathärte.

3. Die Grundwasserführung in den Schichten des Zechsteins

Der Untere Buntsandstein wird im Raum Borna vom Zechstein unterlagert, der an den Rändern der Bornaer Mulde im Süden, Westen und Osten ausstreicht. Im Norden steht er nur im Gebiet nördlich der Bfk Witznitz im Liegenden des Tertiärs an, während er sonst unter dem Buntsandstein an die WNW—OSO verlaufende Störung angrenzt (siehe Übersichtskarte). Der Zechstein hat bei Borna und Deutzen eine Mächtigkeit von rd. 60 bis 80 m.

Nach ENGERT (1957) ist der Untere und Mittlere Zechstein im westlichen Verbreitungsgebiet von NW-Sachsen marin ausgebildet, und zwar vorwiegend als Anhydrit, Dolomit, Kalkstein und Letten mit Gips. Er reicht aber auch in dieser Fazies mit geringer Mächtigkeit bis in das östliche Gebiet der Bornaer Mulde. Im östlichen Teil der Bornaer Mulde verzahnt sich die marine Fazies des Mittleren und Unteren Zechsteins mit den charakteristischen roten, konglomeratischen Arkosesandsteinen mit dolomitischem Bindemittel der kontinentalen Fazies. Bemerkenswert ist in diesem Zusammenhang der

Ergebnisse der Zechsteinwasserbohrungen im Raum Borna

Bezeichnung der Brunnen	Ergiebigkeit im Pumpversuch		Absenkung	Brunnenergiebigkeitsmaß l/s je 1 m Absenkung
	l/s	m³/h	m	
Brunnen I 1940 Bfk Witznitz	8,3	30	nicht bekannt	
Brunnen II 1958 Bfk Witznitz	1,6	5,9	50	0,03
Brunnen 1[43] Werk Großzössen	12,5	45	25	0,5
Brunnen 3[38] Werk Deutzen	12,5	45	7,3	2,0
Brunnen 6[39] Werk Deutzen	9,7	35	9,1	1,0
Brunnen 8[43] Werk Deutzen	10	36	18	1,8

Analysenergebnisse des Grundwassers aus dem Zechstein

Analyse mg/l oder Härtegrade	Brunnen I/40 Bfk Witznitz	Brunnen II/58 Bfk Witznitz	Brunnen 1/43 Werk Großzössen	Durchbruchswasser TgbII Witznitz	Brunnen 3/38 Werk Deutzen	Brunnen 6/39 Werk Deutzen
Abdampfrückstand	–	–	–	–	1454	1293
pH-Wert	–	7,1	–	–	6,7	6,5
Chlor Cl	–	63,8	–	–	405,5	621,2
SO_3	–	220,9	–	–	192,8	232,6
Kalk CaO	–	219,2	–	–	247	257
Magnesia MgO	–	23,6	–	–	67,8	77,2
Eisen Fe	–	8,0	–	–	–	11,0 Fe_2O_3
Gesamthärte	14,5	25,2	30,2	32,5	34,1	36,5
Karbonathärte	11,8	12,6	14,9	13,2	17,1	17,1
Bleibende Härte	2,7	12,6	15,3	19,3	17,0	19,4

schnelle Fazieswechsel der nur 80 m voneinander entfernt liegenden Brunnen I und II an der Bfk Witznitz. Während im Brunnen I vorwiegend konglomeratische Sandsteine durchbohrt wurden, wurde im Brunnen II eine überwiegend aus kalkhaltigen, geröllführenden, bunten Letten bestehende Abfolge angetroffen. Die wechselnde Fazies drückt sich auch deutlich in der Wasserbeschaffenheit und Ergiebigkeit der Brunnen aus.

Außer den genannten Brunnen der Bfk Witznitz ist noch der Brunnen des Werkes Großzössen in Betrieb, während die Brunnen des Bkw Deutzen schon vor längerer Zeit aufgegeben wurden. Die Ergiebigkeit der aufgeführten Brunnen in der nachstehenden Tabelle S. 354 rechts unten zusammengestellt.

Der Brunnen II der Bfk Witznitz und der Brunnen des Werkes Großzössen haben, obwohl zum Teil auch Buntsandsteinwasser gefördert wird, nur eine sehr geringe bis mittlere Ergiebigkeit. Diese ist im Brunnen II der Bfk Witznitz durch die nur geringmächtigen Sand- und Kalkstein- bzw. Dolomitbänke begründet, im Brunnen des Werkes Großzössen auf den unsachgemäßen Filtereinbau (es wurden die wasserführenden Schichten nur zum Teil erfaßt) zurückzuführen. Dagegen weisen die Brunnen des Werkes Deutzen auf Grund der mächtigen Kalkstein- und Dolomitbänke eine hohe Ergiebigkeit auf.

Die Beschaffenheit des Zechsteinwassers ist aus der obigen Zusammenstellung der Analysenergebnisse zu ersehen.

Das Grundwasser aus dem Zechstein wird durch die hohe Gesamthärte von über 30°d charakterisiert. Die überwiegend bleibende Härte ist ebenfalls bezeichnend. Die in der obigen Zusammenstellung von dieser charakteristischen Beschaffenheit abweichenden Ergebnisse sind offenbar auf einen größeren Anteil von Buntsandsteinwasser zurückzuführen. Die von den übrigen Brunnenwassern sich unterscheidende niedrige Gesamthärte des Wassers aus dem Brunnen I der Bfk Witznitz ist durch die konglomeratische Sandsteinfazies des kontinentalen Zechsteins zu erklären. Daß es sich bei dem Durchbruchswasser des Tagebaues II Witznitz um Zechsteinwasser handelte, wie bereits dargelegt, läßt die Zusammenstellung deutlich erkennen.

III. Zusammenfassung

Zusammenfassend ergibt sich aus den hydrogeologischen Verhältnissen im Raum Borna bei Leipzig, daß durch den Braunkohlenabbau die Grundwasserleiter der quartären und tertiären Ablagerungen stark beeinträchtigt sind und für die weitere Grundwassererschließung nicht in Frage kommen. Dagegen weisen die Schichten des Unteren Buntsandsteins eine reiche Wasserführung mit guter Wasserbeschaffenheit auf, so daß sie für die Wasserversorgung von besonderer Bedeutung sind. Die Zechsteinablagerungen können zwar sehr ergiebig sein, aber das stark verhärtete Wasser wird zunächst kaum Anreiz zur Wassererschließung geben.

Literatur

ENGERT, P.: Der prätertiäre Untergrund von Nordwestsachsen und seine Tektonik. – Ber. d. Geol. Ges. i. d. DDR II H. 3, Berlin 1957.

GÄBERT, C.: Der artesische Brunnen von Großzössen bei Borna. – Z. prakt. Geologie 1904.

HOHL, R.: Hydrogeologische Fragen im Rahmen der Braunkohlenerkundung in Nordwestsachsen. – Z. f. angew. Geol. IV, H. 8, Berlin 1958.

HOPPE, W.: Die hydrogeologischen Grundlagen der Wasserversorgung Thüringens. – Jena 1952.

MEYER, G.: Aktennotiz über den Liegendwasserdurchbruch im Tagebau II Witznitz 1953 – unveröffentlicht – PKB „Kohle", Leipzig.

SCHULTE, K.: Liegendwasserdurchbruch Tagebau II Witznitz – Bericht, unveröffentlicht – Großzössen 1953.

SPELTER, M.: Verschiedene Gutachten über die Wassergewinnung im Raum Borna–Regis–Lucka. – Unveröffentlicht – PKB „Kohle", Leipzig.

Geochemische Indikatoren für tiefliegende Lagerstätten[1)]

A. A. SAUKOW, Moskau

1. Das Aufsuchen von tiefliegenden Lagerstätten nach den gewöhnlichen visuellen Verfahren ist in der Regel nicht möglich. Man bedarf hier besonderer Verfahren; wie Theorie und Praxis zeigen, können neben den geophysikalischen die geochemischen Verfahren eine bedeutende Rolle spielen; die geochemischen Verfahren gründen sich auf die Entdeckung und Interpretation der sogenannten Dispersionshöfe und -„bäche" der Elemente, die rings um die Lagerstätten mineralischer Rohstoffe entstehen.

2. Die Dispersionshöfe und -bäche der Elemente um die Lagerstätten entstehen als Folge der allgemeinen Tendenz zum Ausgleich der Potentiale durch Migration dieser Elemente von Stellen ihrer hohen Konzentration in Bereiche niedrigerer Konzentrationen, d. h. von der Lagerstätte weg; die Migration erfolgt unter dem Einfluß verschiedener Ursachen in verschiedenen Formen. Durch die Migration entstehen innerhalb der Dispersionshöfe und -bäche Konzentrationen dieser Elemente,

1) Materialien für die Allunionsberatung zur Ausarbeitung wissenschaftlicher Grundlagen für das Aufsuchen verborgener Erzkörper (Thesen der Vorträge und Mitteilungen), S. 36–39.

die höher sind als die natürliche mittlere Konzentration für gegebene Gesteine, Böden, Lockermassen, Wässer oder untertägige Atmosphären.

3. Die Dispersionshöfe entstehen sowohl gleichzeitig mit den Lagerstätten (syngenetische Höfe) als auch später (epigenetische Höfe). Beispiele syngenetischer Höfe können die Blöcke von Außerbilanzerzen um die industriellen Lager sein, ferner die veränderten Zonen um die Gänge u. a. Noch zahlreicher sind die Typen und Beispiele von epigenetischen Dispersionshöfen und -bächen. Hierzu gehören die verschiedenartigen mechanischen Dispersionshöfe, einschließlich der Seifen, Anreicherungen der untertägigen und oberflächlichen Wasserströme mit den gesuchten Elementen infolge Durchströmens der Lagerstätten; Anreicherungen der Untertageatmosphäre mit bestimmten gasförmigen Komponenten, die genetisch mit Lagerstätten zusammenhängen usw.

4. Die chemischen Elemente, die in wechselnder Form und in entsprechenden Konzentrationen die Erdoberfläche erreichen und die Möglichkeit geben, die in der Tiefe befindlichen Lagerstätten zu beurteilen, mit denen sie genetisch verbunden sind, können als geochemische Indikatoren (Anzeiger) dieser tiefliegenden Lagerstätten bezeichnet werden.

5. Diese Indikatoren können zu 2 Typen gehören: Zum ersten Typ gehören die Elemente bzw. deren Verbindungen, aus denen der mineralische Rohstoff unmittelbar besteht (z. B. Cu in Wasserhöfen um Cu-Lagerstätten, Methan in den Gasatmosphären über Erdöllagern usw.); zum zweiten Typ der Indikatoren gehören die Elemente, die Begleiter oder Abkömmlinge dieser mineralischen Rohstoffe sind (z. B. Molybdän in den gleichen Wasserhöfen um Cu-Lagerstätten, Radon in den untertägigen Atmosphären über Uranlagerstätten; Bitumina auf dem Migrationsweg von Kohlenwasserstoffen, die aus Erdöllagern stammen usw.).

6. Die Elemente, aus denen die Lagerstätten bestehen bzw. die sie begleiten, können die Erdoberfläche erreichen und damit der unmittelbaren Beobachtung auf verschiedene Weise in Abhängigkeit von den geologischen Verhältnissen, der Erscheinungsform dieser Elemente oder ihrer Begleiter und den Migrationsformen zugänglich werden.

7. Die in der Tiefe entstandenen Lagerstätten können durch geologische Vorgänge selbst unmittelbar an die Oberfläche gebracht und der direkten Beobachtung zugänglich gemacht werden. Das sind die einfachsten Fälle, die dem Wesen nach bis in die letzte Zeit hinein hauptsächlich Gegenstand der Beachtung der Geologen waren.

8. Lagerstätten können nicht unmittelbar an der Erdoberfläche ausgehen, aber dort können die diese Lagerstätten umgebenden primären oder sekundären Dispersionshöfe ausgehen, die dem Erosionsanschnitt vorangegangen sind. Diese Höfe können aufgefunden werden, z. B. durch die metallometrische Aufnahme, durch entsprechende Bemusterung der primären oder lockeren Ablagerungen, in verschiedenen Fällen auch durch biogeochemische Verfahren. Die Höfe gestatten es, die Möglichkeit der Auffindung der tiefliegenden Lagerstätten selbst, welche diese Höfe erzeugt haben, zu beurteilen. Von großem Interesse sind in diesem Sinne einige Indikatormineralien für tiefliegende Lagerstätten, darunter über dem Erz befindlicher Pyrit, der mit den Erzlagern syngenetisch ist; diese Mineralien enthalten Elemente dieser Lager (Sb, Hg, As, Zn u. a.).

9. Die Aufgaben werden noch komplizierter, wenn an der Oberfläche nicht nur nicht die tiefliegenden Lagerstätten selbst ausbeißen, sondern auch nicht ihre primären und die alten sekundären Höfe. In diesen Fällen kann man die in der Tiefe befindlichen Lagerstätten nur an Hand der Untersuchung der gegenwärtigen Migration der Elemente beurteilen, die sie aus der Tiefe an die Erdoberfläche führt.

Diese Migration kann auch in flüssiger oder gasförmiger Form vor sich gehen.

Bekanntlich können die Regenwässer unter gewissen Bedingungen ziemlich tief in die Erdkruste eindringen. Hierbei ändert sich ihre Zusammensetzung, sie spiegelt die Zusammensetzung der Gesteine und Erzmassen wider, innerhalb derer sie migrieren. Bei günstigen hydrodynamischen Verhältnissen können diese Wässer an die Erdoberfläche als Quellen und Brunnen austreten, wobei sie die Elemente mit sich führen, die für die tiefliegenden Lagerstätten kennzeichnend sind. Auf der Untersuchung dieser Wasser-Dispersionshöfe beruht die hydrogeochemische Prospektionsmethode, die für viele hydrogene Elemente (Cu, Mo, Zn, S, U, B, K usw.) die tiefstreichende ist.

11. Einige chemische Elemente der Lagerstätten können die Erdoberfläche als Gase erreichen. Das sind die Kohlenwasserstoffe, die von den Erdöllagerstätten und den untertägigen Gasatmosphären abgegeben werden; hierzu gehören ferner Radon, Thoron und Helium, die von den Lagerstätten radioaktiver Erze abgegeben werden. Die Migrationswege dieser Gase können bei günstigen Strukturverhältnissen sehr lang sein; sie werden teilweise entweder durch chemische Umwandlungen auf dem Migrationsweg (z. B. Oxydation der gasförmigen Kohlenwasserstoffe und damit Umwandlung in flüssige oder feste Bitumina) oder durch die Instabilität der Atomkerne selbst (Radon und Thoron) begrenzt.

Die Auffindung und Interpretation von Gashöfen bildet bekanntlich den Inhalt von sehr wichtigen geochemischen Suchmethoden, nämlich der Gasaufnahme bei Öl- und Gaslagerstätten und der Emanationsmethode für das Aufsuchen radioaktiver Erze.

12. Theoretisch kann man für das Aufsuchen von tiefliegenden Lagerstätten auch andere Gase benutzen, die in verschiedenem Maße mit diesen Lagerstätten zusammenhängen: z. B. Helium zum Aufsuchen von radioaktiven Erzen, Argon 40 zum Aufsuchen von Kalilagern, CO_2 als Produkt der Einwirkung saurer Lösungen auf Karbonate beim Aufsuchen vieler sulfidischer Lagerstätten usw. Hier treten jedoch ernste Schwierigkeiten auf, da diese Gase bekanntlich nicht nur von den Erzen, sondern auch von den Elementen in Clarke-Konzentrationen produziert werden.

13. Das Problem der geochemischen Indikatoren für tiefliegende Lagerstätten ist kompliziert und vielfältig. Zu seiner Lösung bedarf es der Anstrengungen von Wissenschaftlern verschiedener Fachrichtungen und der Anwendung verschiedener Untersuchungsmethoden im Feld und im Labor.

Über die Anwendung der Pyrolyse von Erdöl- und Gasfraktionen

W. S. FJODOROW, Moskau

Auf dem XXI. Parteitag der KPdSR hielt der Delegierte W. S. FJODOROW eine äußerst interessante Diskussionsrede, in der er detaillierte Angaben über die fortschreitende Auswertung von Erdgas und Erdölgasen machte. Soweit seine Darstellungen die Anwendung der Pyrolyse der verschiedenen Erdöl- und Erdgasfraktionen betreffen, bringen wir sie nachstehend im Auszug.
Die Redaktion

,,In hohem Tempo wird sich die Erzeugung von synthetischen Stoffen entwickeln, die für die wirtschaftliche Entwicklung von außerordentlich großer Bedeutung sind. Die Erzeugung von Chemiefasern wird auf nahezu das 4fache gesteigert. Auf das 6,7fache wird die Erzeugung von Plasten und synthetischen Harzen erhöht, davon die Erzeugung von polymeren Harzen, von denen 1 t in der Kabelproduktion bis zu 4 t Blei ersetzt, auf fast das 7fache; die Erzeugung von Phenol-Formaldehyd-Harzen, die auf allen Gebieten der Industrie und des Bauwesens weitgehend angewandt werden, auf das 3,5fache;

die Erzeugung von Polyäthylen und von Polypropylen, denen bei der Herstellung von Rohren, Armaturen, Filmen, elektrotechnischen Isolierstoffen, Chemiefasern und vielen anderen Gebrauchsgegenständen die Zukunft gehört, auf das 240fache;

die Erzeugung von Azetylzellulose, die ausgezeichnete Fasern und nichtbrennbare Folien liefert, auf mehr als das 16fache."

,,Es wurde berechnet, daß eine Verlängerung der Lebensdauer der Autoreifen um 30–40% bei dem gegenwärtigen Produktionsumfang ermöglichen wird, 2–2,5 Mrd. Rubel einzusparen. Um die Festigkeit und Widerstandsfähigkeit der Reifen und anderer Gummierzeugnisse gegen Abnutzung zu erhöhen, benötigt man aktiven Ruß und Kautschuk von hoher Qualität. Der Siebenjahrplan sieht vor, die Erzeugung von aktivem Ruß gegenüber 1959 auf das 25fache zu steigern. Der gesamte Ruß wird in granulierter Form geliefert. Die erste Fabrik für aktiven Ruß wird in Omsk im II. Quartal 1959 in Betrieb genommen.

Bei einer allgemeinen Zunahme der Kapazitäten für die Erzeugung von synthetischem Kautschuk auf das 3,7fache werden die Kapazitäten für Butylkautschuk auf das 28fache anwachsen.

Es werden neue Produktionskapazitäten für Isoprenkautschuk geschaffen, der den Naturkautschuk ersetzt; sein Anteil an der Gesamtproduktion wird 23,8% betragen ..."

,,Die Entdeckung des einzigartigen Erdgasvorkommens im Rayon Buchara bietet große Möglichkeiten für die Erzeugung von synthetischen Stoffen und Stickstoffdüngemitteln in Mittelasien. Eine besonders starke Zunahme der chemischen Produktion wird in den Gebieten zwischen der Wolga und dem Ural, in der Ukraine, im Nordkaukasus und in Aserbaidshan auf der Grundlage einer umfassenden Nutzung der reichen Vorräte billiger Rohstoffe, wie Erdgas und Erdölbegleitgas, der Erzeugnisse der Erdölverarbeitung und der Kokschemie erreicht ..."

,,Die Selbstkosten für 1 t Ammoniak belaufen sich bei der Herstellung aus Erdgas auf 490 Rubel und bei der Erzeugung aus Koks auf 980 Rubel; Alkohol aus Gas kostet pro t 2234 Rubel und aus Rohstoffen, die der Nahrungsmittelherstellung dienen können, 3935 Rubel; 1 t Kautschuk aus Gas kostet 3600 Rubel und aus Alkohol 6435 Rubel. Die weitgehende Anwendung von Erdöl als Rohstoff gibt die neue Richtung in der Entwicklung der chemischen Produktion, wie sie von der Kommunistischen Partei auf Initiative des Genossen N. S. CHRUSCHTSCHOW festgelegt worden ist.

Ausschlaggebend bei der Erzeugung synthetischer Stoffe auf der Grundlage der aus Erdöl gewonnenen Kohlenwasserstoffe ist, daß die Kohlenwasserstoffe des Erdöls und des Gases mit Hilfe der herkömmlichen Technologie bei der Verarbeitung von Erdöl in große Mengen verschiedener reaktionsfähiger Kohlenwasserstoffe verwandelt werden können, die, im Gegensatz zu anderen Rohstoffarten weitgehend die Möglichkeit bieten, mit geringen Investitionen leistungsfähige Produktionsprozesse für die Herstellung großer Mengen synthetischer Stoffe zu entwickeln. Diese überaus wichtige Besonderheit hat es uns ermöglicht, in den erdöl-chemischen Betrieben Abteilungen für die Herstellung von Polyäthylen mit einer Jahresleistung von je 24000 Tonnen zu projektieren, an Stelle von 5000, 10000 und 20000 t, die in den bisherigen Projekten vorgesehen waren. Dadurch verringerten sich die Investitionen in diesem Produktionszweig um 50 Millionen Rubel bei gleichzeitiger Vergrößerung der zu produzierenden Mengen an Polyäthylen. Die weiteren Arbeiten in dieser Richtung werden es gestatten, im Rahmen eines erdölverarbeitenden Betriebes von mittlerer Leistung eine Produktionsstätte für 80000 bis 100000 t Polyäthylen und Polypropylen jährlich zu errichten.

Jetzt ist es wichtig, so schnell wie möglich die herkömmlichen Vorstellungen von den Möglichkeiten der erdölverarbeitenden Betriebe für die Gewinnung von Rohstoffen zur Erzeugung synthetischer Stoffe zu revidieren. Es ist bekannt, daß in den Planungsorganen, darunter auch denen der ehemaligen Ministerien für chemische und für Erdölindustrie, die Möglichkeiten für die Organisation und für den Umfang der Produktion von synthetischen Stoffen aus Erdöl stets nach dem Anfall von Kohlenwasserstoffgasen eingeschätzt wurden, deren Menge und Zusammensetzung direkt von der Technologie und dem Umfang der Produktion von Mineralölen in den erdölverarbeitenden Betrieben abhängen. Diese Abhängigkeit der Erzeugung von Kohlenwasserstoffgasen hat die Organisation der industriellen Erzeugung synthetischer Stoffe stets in eine sehr ungünstige Lage versetzt.

Durch die weitgehende Einführung der Pyrolyse verschiedener Erdöl- und Gasfraktionen in die Technologie kann jedes erdölverarbeitende Werk bedeutende Mengen Olefine produzieren. Nehmen wir als Beispiel den erdölverarbeitenden Betrieb von Ljuberzy. Die Äthylenmengen, die im Gas vorkommen und bei der Verarbeitung von Erdöl in diesem Betrieb anfallen, liegen gegenwärtig nicht über einigen tausend Tonnen im Jahr. Bei einer solchen unbedeutenden Menge an Äthylen ist die Organisation der Produktion von Polyäthylen und anderen synthetischen Stoffen kaum zweckmäßig. Wenn man aber in diesem Werk in die Verarbeitungstechnologie die Pyrolyse einführt, kann man eine Menge von Äthylen und Propylen erhalten, die für die Produktion mehrerer zehntausend Tonnen Polyäthylen und Polypropylen im Jahr ausreicht.

Die weitgehende Einführung der Pyrolyse mit dem hochproduktiven Gasscheideverfahren in die Technologie der komplexen Verarbeitung des Erdölrohstoffes ermöglicht es, unabhängig von der herkömmlichen Technologie der Produktion von Mineralölen in jedem erdölverarbeitenden Betrieb große Mengen wertvoller Olefinkohlenwasserstoffe zu erhalten.

Daneben ist es notwendig, in der Wissenschaft, in der Projektierung und in der Technologie der arbeitenden Betriebe in vollem Umfang die Reste der früher bestehenden Unterschätzung der Erdölrohstoffe zu beseitigen, die noch in den Zweiginstituten und in den Zweigabteilungen der Planungsorgane vorhanden sind.“

L.

Die Erdöllagerstätten des ägyptischen Teils der VAR[1])

JUDIN & MALOWIZKIJ, Moskau; referiert von K. H. BINTIG

Unter allen afrikanischen Ländern hat Ägypten die am höchsten entwickelte Erdölindustrie mit einem Anteil von 91% an der Erdölgewinnung des Kontinents (Stand 1955/56). Trotzdem werden jährlich noch 1 bis 1,5 Mio t Erdöl und Erdölprodukte eingeführt.

Geologisch am eingehendsten untersucht ist der östliche Teil des Landes, insbesondere die Suezkanalzone. In den westlichen Wüstengebieten werden geophysikalische Untersuchungen und Bohrungen erst seit den letzten Jahren durchgeführt.

Am geologischen Bau Ägyptens sind paläozoische, mesozoische und kaenozoische Schichten beteiligt. Die Verfasser behandeln die einzelnen stratigraphischen Formen und erläutern ihre Lage und Ausbildung.

Die Tektonik Ägyptens ist kompliziert und eigenartig (Abb. 1 u. 2). Die Grundstrukturen bildeten sich während des langen Entwicklungszeitraumes dieses mobilen Teiles der afrikanisch-arabischen Plattform. Für die Ausbildung der regionalen und örtlichen Strukturen sind Bruchstörungen maßgebend, die nacheinander diesen Teil der Plattform in einzelne gegeneinander versetzte Blöcke zerlegten.

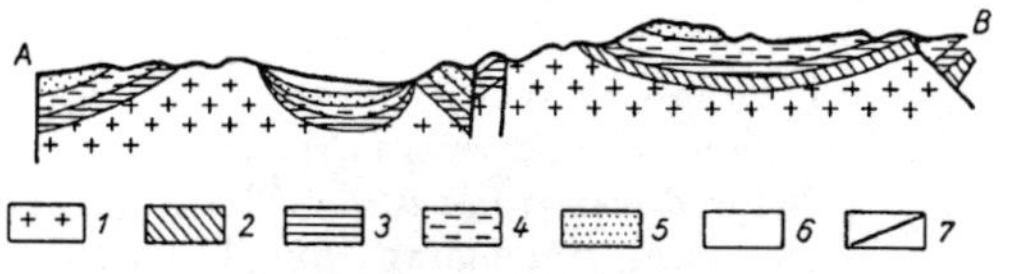

Abb. 2. Geologisches Profil AB

1 – Praekambrium; 2 – Karbon; 3 – untere Kreide; 4 – obere Kreide; 5 – Eozän; 6 – Oligozän, Miozän und Pliozän; 7 – tektonische Störungen

Als Hauptstrukturen erscheinen der Suez-Graben und der Graben von Akaba, die als Folge der regionalen afrikanischen Verwerfungen, die vorwiegend südwestlich und südöstlich streichen, entstanden sind. Die Zone des Suez-Grabens wurde außer von den Randverwerfungen noch durch Längs- und Querstörungen in stufenförmig angeordnete Blöcke zerlegt, die zum Golf hin einfallen. Am Rand des Suez-Grabens liegt eine Reihe von Erhebungen; an einige von ihnen sind die in Ägypten bekannten Erdöllagerstätten gebunden. Daneben existiert im nördlichen Teil der Sinai-Halbinsel ein drittes System von Dislokationen, das sich nach Westen bis in den Festlandsteil verfolgen läßt.

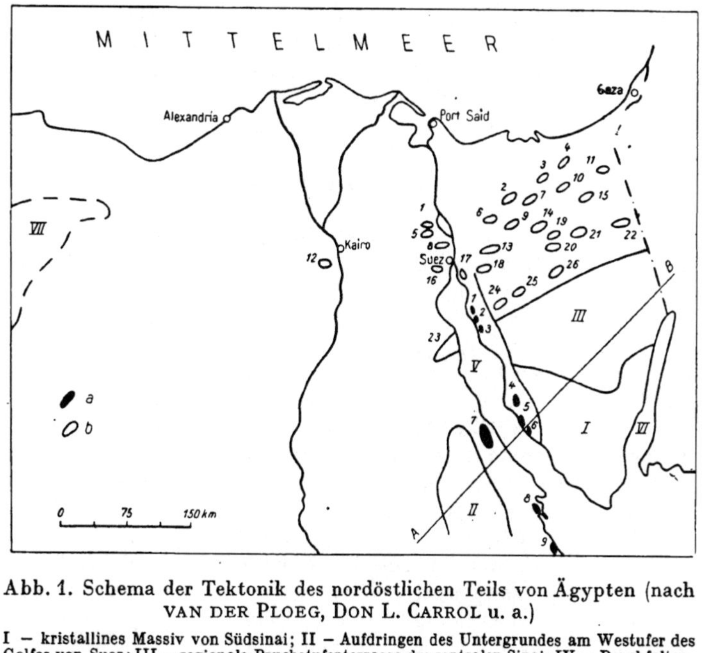

Abb. 1. Schema der Tektonik des nordöstlichen Teils von Ägypten (nach VAN DER PLOEG, DON L. CARROL u. a.)

I – kristallines Massiv von Südsinai; II – Aufdringen des Untergrundes am Westufer des Golfes von Suez; III – regionale Bruchstufenterrasse des zentralen Sinai; IV – Bruchfaltenzone des nördlichen Sinai; V – Suez-Graben; VI – Graben von Akaba; VII – hypothetisches Kattara-Becken; a – Erdöllagerstätten innerhalb des Suezgrabens: 1 – Sudr, 2 – Ras Matarma, 3 – Asl, 4 – Wadi Feiran, 5 – Abu Durba, 6 – Beleiim, 7 – Ras Gharib, 8 – Gemsa, 9 – Hurghada; b – höffige Lokalstrukturen des nördlichen Sinai: 1 – Abu Sultan, 2 – Hamair, 3 – Marfus, 4 – Gecham, 5 – Schubrawet, 6 – Ruwaisat, 7 – Mogara, 8 – Dscheneira, 9 – Falik, 10 – Libni, 11 – Kabra, 12 – Abu Rauwasch, 13 – Dschiddi, 14 – Ielleg, 15 – Halal, 16 – Ataka, 17 – Anun Musa, 18 – Hamra, 19 – Minschera, 20 – El Bruk, 21 – Kerim – 22 – Araif el Hara, 23 – Wadi Araba, 24 – Somar, 25 – Mineidra, 26 – Nakl.

Die Erkundung auf Erdöl konzentriert sich bis heute auf das Gebiet um den Golf von Suez. Während von 1886 bis 1950 hier 113 Erkundungsbohrungen niedergebracht wurden, von denen jedoch nur 6 Bohrungen industriell verwertbares Öl lieferten, waren von 30 Bohrungen in den Jahren 1950 bis 1955 fünf Bohrungen produktiv. Daneben werden umfangreiche geophysikalische Untersuchungen durchgeführt, bei denen sich die Seismik als wirkungsvollste Methode erwies.

Bisher wurden neun Erdöllagerstätten aufgeschlossen, von denen drei im westlichen Küstengebiet des Golfes von Suez und die übrigen auf der Sinai-Halbinsel liegen. Sämtliche Lagerstätten sind an Blockstrukturen gebunden, die durch Bewegungen des Untergrundes gebildet wurden; so z. B. die Lagerstätten Hurghada und Ras Gharib. Die wichtigsten produktiven

[1]) Aus „Geologja Nefti“, 1958, Heft 12, S. 64—67.

Horizonte treten in den Sandsteinen der nubischen Formation und in Kalk- und Sandsteinen des Eozäns und Miozäns auf.

Die Lagerstätte Hurghada (Abb. 3) besteht aus zwei durch Verwerfung gestörte Blöcke. Die den Untergrund überlagernden praemiozänen Schichten sind stark durch Störungen zerlegt. Die Lagerstätte hat Druckwasserregime, ist heute aber fast vollständig verwässert. Eine der größten Lagerstätten ist Ras Gharib (Abb. 4), die durch gravimetrische Untersuchungen aufgefunden wurde. Es treten hier fünf Erdölhorizonte im Paläozoikum und Mesozoikum und ein kleines Lager in Riffkalken des Miozäns auf.

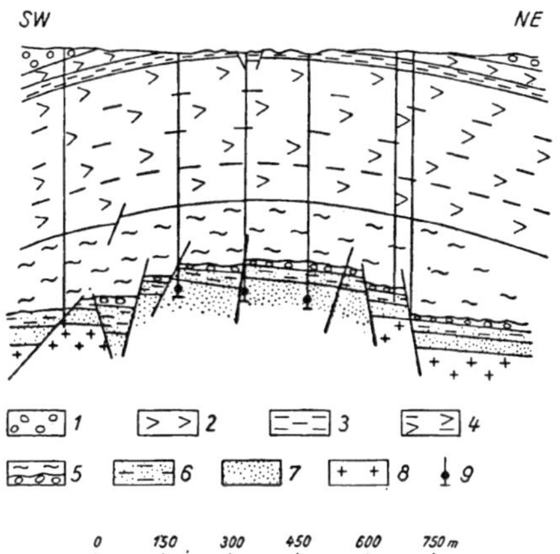

Abb. 3. Querschnitt durch die Lagerstätte Hurghada

1 – Ablagerungen des Pliozäns und Pleistozäns (Kiese und Konglomerate); 2 – Miozän (obere Gipsserie); 3 – Miozän (Diatomeenschiefer); 4 – Miozän (Serie der Anhydrite und Schiefer); 5 – Miozän (Globigerinenmergel mit Basalkonglomeraten); 6 – Mesozoikum bis Paläozoikum (nubische Serie bis Granatzone); 7 – Mesozoikum bis Paläozoikum (nubische Serie bis Staurolithzone); 8 – praekambrische Granite; 9 – produktiver Erdölhorizont

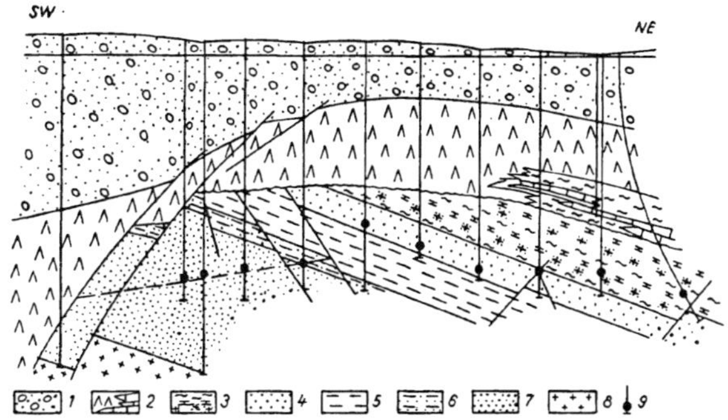

Abb. 4. Querschnitt durch die Lagerstätte Ras Gharib

1 – Ablagerungen des Pliozäns und Pleistozäns (Kiese und Konglomerate); 2 – Miozän (Serie der Anhydrite und Schiefer, teilweise ersetzt durch Kalksteine); 3 – Mesozoikum (Mergel u. Kalksteine mit Zwischenmitteln von Sandsteinen); 4 – Oberkarbon (obere Erdölsande); 5 – Unterkarbon (Serie der Schwarzschiefer); 6 – Unterkarbon (Wechsellagerung von Sanden und Schiefern); 7 – Unterkarbon (Haupterdölsande); 8 – praekambrische Granite; 9 – produktiver Erdölhorizont

Außer im Gebiet des Golfes von Suez wurden Erkundungsarbeiten auf Erdöl auf der Sinai-Halbinsel und im westlichen Ägypten durchgeführt. Hierbei wurden in der Gegend von Kairo und Alexandrien durch Tiefbohrungen Erdölspuren festgestellt, wobei die günstigsten Aussichten in Ablagerungen des Jura, der Kreide und möglicherweise des Paläozoikums bestehen. Im nördlichen Teil der Sinai-Halbinsel bieten Ablagerungen des Jura und der Trias und ebenfalls auch paläozoische Schichten in großer Teufe Aussichten auf Erdölführung, während im zentralen Teil von Sinai eine Abscherzone mit Ablagerungen der Trias, des Jura und der Kreide schon Erdöl gebracht hat. Im Gebiet des Golfes von Suez dagegen stößt eine weitere Erkundung wegen des komplizierten geologischen Baus auf große Schwierigkeiten.

Die Organisation der Bemusterung des Kupferschieferflözes im VEB Kupferbergbau Thomas Münzer

WALTER REMUS, Sangerhausen

1. Einleitung

Das Kupferschieferflöz wird nach altem Brauch in verschiedene Lagen unterteilt, die in ihrem chemischen und petrographischen Aufbau unterschiedlich sind und sich makroskopisch gut unterscheiden lassen. Auch ist die Metallführung in den einzelnen Lagen verschieden.

Die einzelnen Lagen lauten von oben nach unten:

Lage 5, Schwarze Berge	etwa 15 cm
Lage 4, Schieferkopf	etwa 12 cm
Lage 3, Kammschale	etwa 3 cm
Lage 2, Grobe Lette	etwa 7 cm
Lage 1, Feine Lette	etwa 2 cm

Die Metallführung konzentriert sich in den unteren drei Lagen. Nur bei besonderen geologischen Verhältnissen kann eine größere Anreicherung der Metallführung in den oberen Lagen erfolgen. Dabei ist zu bemerken, daß die Metallführung in der Lage 5 sehr absetzig ist und stärkere Schwankungen aufweist.

Der Metallgehalt im Kupferschiefer wird in erster Linie durch die sogenannte „Speise“ bestimmt, das sind sehr fein eingesprengte Stäubchen von metallischen Schwefelverbindungen. Zuweilen findet sich das Erz zu Bändern angereichert, welche längs der Schichtung verlaufen und als Erzliniale bezeichnet werden. Im wesentlichen werden die „Speise“ und die „Erzliniale“ von folgenden Kupfermineralien gebildet:

Kupferglanz	(Chalkosin)	Cu_2S
Buntkupferkies	(Bornit)	$Cu_3FeS_3-Cu_5FeS_4$
Kupferkies	(Chalkopyrit)	$CuFeS_2$

Da der Hauptmetallgehalt im Flöz an die sogenannte „Speise“ gebunden ist, hat sie für die Bauwürdigkeit des Flözes eine ausschlaggebende Bedeutung.

Die Probenahme geht grundsätzlich so vor sich, daß von jeder Lage je eine Probe entnommen und auch einzeln analysiert wird. Dabei ist es wichtig, die volle Mächtigkeit jeder Lage zu erfassen, um reale Ergebnisse zu erhalten. Auf die Methodik der Probenahme soll hier nicht weiter eingegangen werden.

Seit dem Bestehen einer geologischen Abteilung im Betrieb (1953) ist an der Verbesserung der anfangs unzureichenden Bemusterung des Kupferschieferflözes und der Bestimmung der Kupfergehalte der Lagerstätte gearbeitet worden. Ursprünglich lag die Probenahme und deren Auswertung ausschließlich in den Händen der Gütekontrolle (TKO). Später wurde nur noch sie von der TKO durchgeführt.

Im August 1955 wurde in einer Arbeitsbesprechung der Werksgeologen des damaligen Mansfeld Bergbau-Kombinates darüber diskutiert, daß die Lagenprobenahme auf den Schächten in Zukunft nur unter der verantwortlichen Kontrolle der Abteilungen Geologie der Schächte durchgeführt werden sollte. Nach gründlicher Beratung wurde darüber ein Beschluß an die übergeordnete Dienststelle geleitet. Auf Grund einer Anweisung der damaligen HV Erzbergbau vom Juni 1956 wurde ab 1. August 1956 die Probenahme und Bemusterung der Lagerstätte der Abteilung Geologie übertragen; damit ging Hand in Hand, daß die in den einzelnen Betrieben tätigen Probennehmer der Abteilung Geologie unterstellt wurden.

Auf den Schächten des Mansfelder und Sangerhäuser Kupferschieferbergbaues hat sich danach den Verhältnissen entsprechend die Bemusterung und deren Auswertung unterschiedlich entwickelt. Während bei den Mansfelder Schächten auf den sogenannten Kläubeställen die ungültigen Lagen des Kupferschieferflözes herausgekläubt werden, d. h. das Erz eine Anreicherung erfährt, muß im VEB Kupferbergbau Thomas Münzer grundsätzlich die Lage 1—4 abgebaut und als Erz zur Hütte geliefert werden, weil eine Großkläubeanlage fehlt und sich beim Abbau des Flözes unter Tage wirtschaftlich nur die Lage 5 aushalten läßt.

Mehrere Versuche der Probenahme über Tage führten nicht zu dem gewünschten Erfolg. Die Gründe hierfür sind ein für diese Zwecke ungünstiger Wagenumlauf auf der Hängebank und das Fehlen einer geeigneten Räumlichkeit zur Unterbringung des gesammelten Probegutes. Die Entnahme der Proben vom sogenannten Kommissionskläubeband der TKO ist ebenfalls recht ungünstig, da die Schiefer bereits abgesiebt sind und die Feine Lette und auch ein Teil der Lagen 2 und 3 nicht restlos zu erfassen wären.

Eine Probenahme über Tage ist außerdem besonders schwierig für die Bestimmung der Feinen Lette, die teilweise aus abbautechnischen Gründen im Haufwerk gar nicht erscheint oder so zerstückelt als Feinkorn anfällt, daß eine exakte Unterscheidung und Aussortierung sehr schwierig wird und zu Fehlern Anlaß geben könnte. Aus diesen Gründen ist die Probenahme unter Tage im Streb am günstigsten und gewährt eine tägliche Kontrolle der einzelnen Abbauflügel durch die Geologengehilfen, die neben der Probenahme und dem Messen der Flözhöhe auch auf das Auftreten von Rückenvererzungen, Dünen, Dachtraufen usw. zu achten haben und so der geologischen Abteilung eine bessere Kontrolle der Lagerstätte ermöglichen. Dabei ist noch hervorzuheben, daß in jeder Woche eine fachliche Schulung der Geologengehilfen durchgeführt wird. In diesen Schulungen werden Themen wie z. B. die Handhabung des Kompasses, Bedeutung der Dachtraufen, Technik und Auswertung der Bemusterung, Genese der Lagerstätte behandelt, um diese Kollegen für die erwähnten Arbeiten zu qualifizieren.

2. Organisation der Bemusterung

Im Kupferschieferbergbau werden zwei Arten der Bemusterung unterschieden, die in ihrer Methodik gleichartig sind und sich nur im Zweck unterscheiden.

2.1 Die Streblagen-Probenahme

Zur laufenden Kontrolle der Lagerstätte werden die sogenannten Streblagenproben, die man auch als Abbaulagenproben bezeichnet, entnommen. Unter Streb versteht man einen Arbeitsraum von allgemein 25 m Breite, der von einer Brigade (6 bis 7 Mann) täglich bearbeitet wird, wobei der Vortrieb je Schicht 50 bis 60 cm beträgt.

Eine Besonderheit bilden die Mechanisierungsstrebe (Plattenband), die eine Breite von 70 bis 80 m und einen Vortrieb je Schicht von 70 bis 80 cm haben. Man kann also einen Mechanisierungsstreb mit drei normalen Streben gleichsetzen. Diese Streblagenproben haben für die operative Arbeit im Betrieb eine große Bedeutung, da z. B. von der Abteilung Geologie dem Grubenbetrieb vorgegeben wird, wie auf Grund der Metallführung der einzelnen Lagen die Normen für die Brigaden festgelegt werden können. Daher werden für jeden Geologengehilfen sogenannte Flügelskizzen im Maßstab 1:2000 angefertigt (Abb.), die auf Schreibmaschinenpapier DIN A 4 aufgetragen sind. Auf diesen Skizzen wird die Lage der einzelnen Brigaden mit deren entsprechenden Nummern eingetragen. Dabei bedeutet z. B. $^1/_4$, daß dieser Streb zu Zweidritteln von der Brigade 1 und 4 belegt ist. Durch einen grünen Kreis um die Zahl wird dargestellt, daß die Lagen 1—5 gültig, d. h. kupferführend sind. Ein roter Kreis besagt, daß zusätzlich „Gute Berge" abgebaut werden. Durch diese Flügelskizzen sind die Geologengehilfen in der Lage, selbständiger zu arbeiten. Gleichzeitig wird darauf der Wechsel des Arbeitsplatzes vermerkt, so daß jederzeit eine Übersicht über die im Abbau stehenden Brigaden gegeben ist.

Der Abteilung Geologie stehen 8 Gehilfen für die Bemusterung zur Verfügung. Aus sicherheitstechnischen und arbeitsorganisatorischen Gründen werden die Strebbemusterungen durch zwei Kollektive von je vier Mann durchgeführt. Die Anleitung und Kontrolle führt in Verbindung mit dem Brigadier der Geologengehilfen der Geologie-Ingenieur für den Abbau durch.

Die jeweils unterschiedlichen Verhältnisse vor den einzelnen Abbauflügeln verlangen jedoch ein weitgehend selbständiges Handeln jedes einzelnen Gehilfen. Die Arbeitseinteilung erfolgt jeden Morgen vor Schichtbeginn. Zur Kontrolle der Arbeit meldet sich jeder Geologengehilfe nach Schichtschluß in der Geologischen Abteilung, erstattet kurzen Bericht und gibt sein Kontrollbuch mit den Eintragungen über die durchgeführten Arbeiten ab.

In diesem Kontrollbuch führt der Geologengehilfe die von ihm bemusterten Brigaden und die gemessenen Flözhöhen an, außerdem werden darin besondere Vorkommnisse vermerkt. Durch den verantwortlichen Geologie-Ingenieur für den Abbau werden diese Bücher mindestens wöchentlich einmal kontrolliert und entsprechende Arbeitsanweisungen gegeben.

Die Hauptarbeitsgänge der Geologengehilfen gliedern sich wie folgt:

a) Einladen der leeren Probekästen in die leeren Probewagen und Abschicken der Wagen in die einzelnen Flügel,

b) Verteilung der Probekästen auf die einzelnen Brigaden (Strebe) und Orientierung, inwieweit die Strebe belegt und von tauben Bergen frei sind,

c) Probenahme,

d) Messung der Flözhöhen, die im allgemeinen gleich im Anschluß an die Probenahme ausgeführt wird,

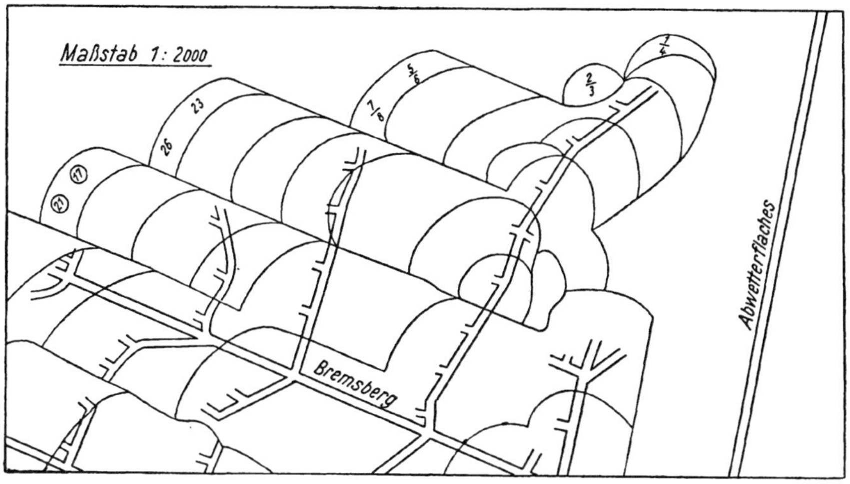

Flügelskizze mit den Eintragungen der angelegten Brigaden

e) Transport der vollen Probekästen zu den Probewagen und Organisierung des Transportes nach über Tage,

f) Ausladen der vollen Probekästen,

g) Brechen der Proben im Backenbrecher und Reduzierung des Probegutes im Probeteiler.

Durch die seit einiger Zeit eingeführte verbesserte Probenahmetechnik ist die Voraussetzung gegeben, monatlich drei Flügelbemusterungen durchzuführen, d. h. dreimal von jedem Streb eine Probenahme.

Als Beispiel soll die eingeführte verbesserte Probenahme für den Monat November 1958 erläutert werden.

Bisher war es üblich, daß bei jedem Durchgang die Lagen 1—5 getrennt genommen und analysiert wurden. Auf Grund von Untersuchungen wurde festgestellt, daß bei einer Zusammenfassung der Lage 1—3 im Streb richtige Analysenergebnisse gewonnen werden.

Bei 2 Durchgängen nach der alten Methode wären 1110 Proben angefallen, die sich auf die einzelnen Flügel wie folgt verteilen:

Lehr-Flügel	9 Strebe	I Durchgang	9 × Lage 1 – 5	= 45 Proben
	9 Strebe	II Durchgang	9 × Lage 1 – 5	= 45 Proben
Flügel 4	7 Strebe	I Durchgang	7 × Lage 1 – 5	= 35 Proben
	7 Strebe	II Druchgang	7 × Lage 1 – 5	= 35 Proben
Flügel 6	15 Strebe	I Durchgang	15 × Lage 1 – 5	= 75 Proben
	15 Strebe	II Durchgang	15 × Lage 1 – 5	= 75 Proben
Flügel 7	12 Strebe	I Druchgang	12 × Lage 1 – 5	= 60 Proben
	12 Strebe	II Durchgang	12 × Lage 1 – 5	= 60 Proben
Flügel 8	18 Strebe	I Durchgang	18 × Lage 1 – 5	= 90 Proben
und 8a	18 Strebe	II Durchgang	18 × Lage 1 – 5	= 90 Proben
Flügel 9	13 Strebe	I Durchgang	13 × Lage 1 – 5	= 65 Proben
	13 Strebe	II Durchgang	13 × Lage 1 – 5	= 65 Proben
Flügel 12	8 Strebe	I Durchgang	8 × Lage 1 – 5	= 40 Proben
	8 Strebe	II Durchgang	8 × Lage 1 – 5	= 40 Proben
Flügel 13	7 Strebe	I Durchgang	7 × Lage 1 – 5	= 35 Proben
	7 Strebe	II Durchgang	7 × Lage 1 – 5	= 35 Proben
Flügel 16	3 Strebe	I Durchgang	3 × Lage 1 – 5	= 15 Proben
	3 Strebe	II Durchgang	3 × Lage 1 – 5	= 15 Proben
Flügel 17	11 Strebe	I Durchgang	11 × Lage 1 – 5	= 55 Proben
		II Durchgang	11 × Lage 1 – 5	= 55 Proben
Flügel 19	8 Strebe	I Durchgang	8 × Lage 1 – 5	= 40 Proben
	8 Strebe	II Durchgang	8 × Lage 1 – 5	= 40 Proben
Summe:	211 Strebe			= 1110 Proben

Bei der neuen Methode wird nur eine von den 3 Bemusterungen (Durchgänge) voll geprobt, d. h., die Lagen 1—5 werden getrennt entnommen und analysiert, während bei den anderen Durchgängen die Lagen 1—3 gleich vor Streb zusammengefaßt werden, und die Lage 5 nur in den Streben geprobt wird, wo sie bauwürdig ist, bzw. auf Grund der geologischen Situation damit zu rechnen ist, daß die Schwarzen Berge (Lage 5) metallführend sein können. Dadurch, daß bei dem einen Durchgang die Lagen 1—5 einzeln geprobt werden, ist gleichzeitig eine Kontrolle der neuen Probemethode möglich und gewährleistet, daß auftretende Fehler erkannt und beseitigt werden können.

Unten folgende Tabelle mag die Verhältnisse nach der neuen Methode darlegen.

Aus diesem Beispiel ist zu ersehen, daß mit dem gleichen Arbeitsaufwand und der annähernd gleichen Analysenzahl, wobei noch eine Einsparung von 35 Proben erreicht wird, eine dichtere Folge der Bemusterung durchgeführt werden kann. Damit ist die Abteilung Geologie in der Lage, operativ in den Abbau einzugreifen. Durch die Einsparung von etwa 35 Proben ist außerdem gewährleistet, Sonderproben usw., die gleichzeitig zur innerbetrieblichen Kontrolle dienen, zu entnehmen.

In bestimmten Feldesteilen tritt außerdem 18 bis 20 cm im Hangenden des Flözes eine Vererzung des Dachklotzes (Basis des Zechsteinkalkes) auf. Diese metallführenden sogenannten „Guten Berge" werden an die Hütte als kalkhaltiger Zuschlagsstoff mit einer gewissen Metallführung geliefert. Diese „Guten Berge" werden ebenfalls in jeder Dekade einmal bemustert.

Lehr-	9 Strebe	I Durchgang	9 × Lage 1 – 3 u. 4	= 18 Proben
Flügel	9 Strebe	II Durchgang	9 × Lage 1 – 5	= 45 Proben
Flügel 4	7 Strebe	I Durchgang	7 × Lage 1 – 3 u. 4	= 14 Proben
	7 Strebe	II Durchgang	7 × Lage 1 – 5	= 35 Proben
	7 Strebe	III Durchgang	7 × Lage 1 – 3 u. 4	= 14 Proben
Flügel 6	15 Strebe	I Durchgang	6 × Lage 1 – 3 u. 4 u. 5.	= 18 Proben
		I Durchgang	9 × Lage 1 – 3 u. 4	= 18 Proben
	15 Strebe	II Durchgang	15 × Lage 1 – 5	= 75 Proben
	15 Strebe	III Durchgang	6 × Lage 1 – 3 u. 4 u. 5.	= 18 Proben
		III Durchgang	9 × Lage 1 – 3 u. 4	= 18 Proben
Flügel 7	12 Strebe	I Durchgang	12 × Lage 1 – 3 u. 4	= 24 Proben
	12 Strebe	II Durchgang	12 × Lage 1 – 5	= 60 Proben
	12 Strebe	III Durchgang	12 × Lage 1 – 3 u. 4	= 24 Proben
Flügel 8	18 Strebe	I Durchgang	18 × Lage 1 – 3 u. 4 u. 5	= 54 Proben
und 8a	18 Strebe	II Durchgang	18 × Lage 1 – 5	= 90 Proben
	18 Strebe	III Durchgang	18 × Lage 1 – 3 u. 4 u. 5	= 54 Proben
Flügel 9	13 Strebe	I Durchgang	11 × Lage 1 – 3 u. 4	= 22 Proben
	13 Strebe	II Durchgang	13 × Lage 1 – 5	= 65 Proben
	13 Strebe	III Durchgang	11 × Lage 1 – 3 u. 4	= 22 Proben
Flügel 12	8 Strebe	I Durchgang	8 × Lage 1 – 3 u. 4	= 16 Proben
	8 Strebe	II Durchgang	8 × Lage 1 – 5	= 40 Proben
	8 Strebe	III Durchgang	8 × Lage 1 – 3 u. 4	= 16 Proben
Flügel 13	7 Strebe	I Durchgang	7 × Lage 1 – 3 u. 4 u. 5	= 21 Proben
	7 Strebe	II Durchgang	7 × Lage 1 – 5	= 35 Proben
	7 Strebe	III Durchgang	7 × Lage 1 – 3 u. 4 u. 5	= 21 Proben
Flügel 16	3 Strebe	I Durchgang	3 × Lage 1 – 3 u. 4 u. 5	= 9 Proben
	3 Strebe	II Durchgang	3 × Lage 1 – 5	= 15 Proben
	3 Strebe	III Durchgang	3 × Lage 1 – 3 u. 4 u. 5	= 9 Proben
Flügel 17	11 Strebe	I Durchgang	11 × Lage 1 – 3 u. 4 u. 5	= 33 Proben
	11 Strebe	II Durchgang	11 × Lage 1 – 5	= 55 Proben
	11 Strebe	III Durchgang	11 × Lage 1 – 3 u. 4 u. 5	= 33 Proben
Flügel 19	8 Strebe	I Durchgang	8 × Lage 1 – 3 u. 4	= 16 Proben
	8 Strebe	II Durchgang	8 × Lage 1 – 5	= 40 Proben
	8 Strebe	III Durchgang	8 × Lage 1 – 3 u. 4	= 16 Proben
Summe:	324 Strebe			= 1065 Proben

Zur besseren Kontrolle der Kupferführung in der Lage 5 (Schwarze Berge) wird von jeder Brigade, die auf die Lage 1—5 vernormt ist, durch das Kommissionskläubeband der TKO eine Großprobe von etwa 30 kg entnommen. Es fielen im Monat November 1958 insgesamt 32 Großproben an, die von den Gehilfen transportiert, gebrochen und geviertelt wurden.

Zu den 1075 Streblagenproben kommen demnach noch 102 Proben von Guten Bergen, Lage 5 und Sonderproben hinzu, so daß insgesamt 1177 Proben genommen und analysiert wurden.

2.2 Die Hauptlagen-Probenahme

Bei der Ausrichtung (Sohlen und Flachen), die in der Lagerstätte aufgefahren wird, werden alle 10 m eine sogenannte Hauptlagenprobe entnommen. Eine Hauptlagenprobe setzt sich aus einer Einzelprobe des Hangenden (Dachklotz), 5 Einzelproben des Kupferschieferflözes und zwei Einzelproben des Liegenden (Sand I 0—5 cm, Sand II 5—10 cm) zusammen. Der Arbeitsaufwand für eine Hauptlagenprobe entspricht etwa der einer Streblagenprobe. Für das gewählte Beispiel (November 1958) kommen zu den Streblagenproben noch $25 \times 8 = 200$ Proben dazu. Die Hauptarbeitsgänge sind die gleichen wie bei der Streblagen-Probenahme. Hier tritt lediglich das Eintüten der Proben, Beschriften der Probentüten und Fertigmachen der Proben zum Versand als zusätzlicher Arbeitsaufwand auf.

Das Nehmen der Hauptlagenproben wird so organisiert, daß in der dritten Dekade jeden Monats sämtliche Geologengehilfen die entsprechenden Ausrichtungsorte gemeinsam bemustern. Die Leistung beträgt je nach Örtlichkeit 3—4 Hauptlagenproben pro Mann und Schicht, so daß 200—250 m Strecke in einer Schicht bemustert werden können. Bei einer durchschnittlichen monatlichen Auffahrung von 450—500 m kann diese Arbeit also in drei Schichten durchgeführt werden.

3. Zur Arbeitskräftebilanz

Die folgende Aufstellung soll die Arbeitsleistung jedes einzelnen Geologengehilfen im Jahre 1958 zeigen.

Von Jan. bis Dez. 1958 reine Schichten	= 2416 (302 × 8)
davon sind Fehlschichten infolge Krankheit, Unfall usw.	= 219
Urlaub	= 204
	− 423
verfahrene Schichten	= 1993

1993:8 = 249 verfahrene Schichten pro Mann.

Durchschnittlich sind demnach 1,7, d. h. 2 Gehilfen abwesend, so daß die Arbeit mit den verbleibenden 6 Gehilfen geschafft werden muß. Für Übertagearbeiten sind nach bisherigen Erfahrungen mindestens 2—3 Schichten pro Mann im Monat anzusetzen. Es verbleiben so von den 25—26 Arbeitstagen nur etwa 23 für die reine Bemusterung. Es ergibt sich demnach folgende Rechnung:

415 Strebe (mit Berge- und Sonderproben) sind zu bearbeiten. Teilt man diese durch $6 \times 23 = 138$ Bemusterungsschichten, so ergeben sich 3 Strebe, die von einem Gehilfen pro Schicht gemessen und geprobt werden müssen.

Zur Frage der Dialektik in der Geologie

FRANK WEGERT, Ludwigslust

Eine Diskussion über die Fragen des dialektischen Materialismus auf dem Gebiet der Naturwissenschaften ist bei uns in der DDR zum gegebenen Zeitpunkt von außerordentlicher Bedeutung. Nur eine materialistische Weltanschauung und eine konsequente Anwendung der dialektischen Methode kann die Wissenschaftler dazu befähigen, alle Aufgaben, die ihnen beim Aufbau des Sozialismus gestellt werden, erfolgreich zu lösen. Ausgehend davon ist der Beitrag „Dialektik — Grundlage moderner Geologie“ von K. KAUTER (Z. angew. Geologie“, 4/59) sehr zu begrüßen. Leider wurde aber in dieser Arbeit der Kern des Problems nicht behandelt. Ferner sind einige Unklarheiten darin enthalten, mit denen man sich nicht einverstanden erklären kann.

Es wird einerseits ausgeführt, daß sich „die Geologie großenteils auf metaphysischen Bahnen“ bewegt, andererseits aber richtig festgestellt, daß sich eine „stürmische Weiterentwicklung unserer Wissenschaft“ anbahnt. Es dürfte aber klar sein, daß sich heutzutage keine Wissenschaft stürmisch weiterentwickeln kann, die sich auf metaphysischen Bahnen bewegt. Dazu muß außerdem gesagt werden, daß man überhaupt nicht von der Geologie als solcher sprechen kann. Auch hier muß zwischen dem Lager des Kapitalismus und dem des Sozialismus unterschieden werden, denn die geologische Wissenschaft ist wie jede Wissenschaft ein Teil des gesellschaftlichen Überbaus. Solange also in einem Lande kapitalistische Produktionsverhältnisse herrschen, werden sich auch die Geologen nicht den dialektischen Materialismus zu eigen machen, zumindest nicht die Mehrzahl von ihnen. Sollte aber die erwähnte Behauptung auch auf die Sowjetunion bezogen sein, so muß man heftig protestieren. Anders ist es natürlich bei uns in der DDR. Die Menschen tragen noch immer den Ballast der kapitalistischen Vergangenheit mit sich herum, und metaphysische Anschauungen spuken in den Köpfen der Wissenschaftler. Gerade darum ist es ja auch notwendig, die Frage der Dialektik mit den Naturwissenschaftlern zu diskutieren.

Es geht bei dieser Frage nicht um die Anwendung der dialektischen Methode überhaupt, sondern um die konsequente Anwendung derselben. Teilweise arbeiten auch die Geologen anderer Gesellschaftsordnungen danach, denn nur auf diese Weise konnte die Geologie ihren heutigen Stand erreichen. Nur die Anerkennung des gesetzmäßigen Zusammenhanges der Erscheinungen, der ewigen Veränderung und Entwicklung, nur die Anerkennung der Einheit und des Kampfes der Gegensätze konnte die Grundlage von Erfolgen geologischer Forschung sein.

Es muß die Meinung KAUTERs angefochten werden, daß das metaphysische Denken darin besteht, daß einige ihre alten Erkenntnisse, die sich durch neuere überholt haben, nicht revidieren, daß einigen das „lebendige Anschauen“ abgeht und daß einige den Weg vom „abstrakten Denken zur Praxis" nicht finden. Diese Erscheinungen sind nämlich kein metaphysisches Denken, sondern sie werden durch dasselbe hervorgerufen. Metaphysisches Denken dagegen tritt auf beim Herantreten an die Naturerscheinungen. Es besteht darin, daß die Zusammenhänge nicht beachtet werden, daß vieles stillstehend, nicht im Entwicklungsprozeß, isoliert und unabhängig von den konkreten Bedingungen betrachtet wird u. ä.

Es geht darum, daß auch in der geologischen Forschung der DDR, vor allem in der Lagerstättenerkundung, die Dialektik angewendet wird, d. h., daß auch alle geologischen Erscheinungen in ihrer Entwicklung erkannt werden, daß nicht die Morphologie, sondern die Genese das Ausschlaggebende ist, d. h., daß man berücksichtigt, daß die Entwicklung jeder Einheit, z. B. einer Struktur, nicht isoliert, sondern unter den konkreten Bedingungen einer bestimmten Epoche und eines bestimmten Raumes vor sich gegangen ist, d. h. auch, daß in den geologischen Prozessen das ewige Wechselspiel gegensätzlicher Kräfte und Erscheinungen erkannt wird und so weiter. Das ist der Kern des Problems, auf den im genannten Artikel nicht eingegangen wird. In der Wissenschaft wird es immer so sein, daß einige „auf ihrem seinerzeit gut fundierten Wissensstandpunkt" stehenbleiben. Andere werden diesen Standpunkt widerlegen; es wird einen Kampf des Alten mit dem Neuen geben, wie es ihn immer gab und gibt. Nur dieser Kampf kann die Wissenschaft vorantreiben. Des weiteren muß kritisch bemerkt werden, daß die „Erkennbarkeit der Dinge" natürlich kein „dialektisches Element" ist, wie es in dem genannten Aufsatz zum Ausdruck kommt, sondern daß sie eine Frage der grundsätzlichen Einstellung ist, nicht eine Frage der Methode, sondern eine Frage der Weltanschauung. Die Materialisten haben die Erkennbarkeit der Welt bewiesen. Erkennen kann man aber nicht durch „eigene Anschauung und durch g e d a n k l i c h e K o n s t r u k t i o n", sondern durch „gedankliche Abstraktion" nach dem Anschauen, wie es von dem Autor selber durch ein LENINsches Zitat nach ENGELs angeführt wird. Dabei ist nicht „das Denken das p r i m ä r e Handwerkszeug des Geologen", sondern primär ist wie bei jedem Wissenschaftler „das lebendige Anschauen", wie ebenfalls dem angeführten Zitat zu entnehmen ist.

Zum Abschluß muß noch einmal gesagt werden, daß eine solche Diskussion begrüßenswert und notwendig ist. Sie darf aber nicht abstrakt und allgemein bleiben, sondern sie muß auf Grund von konkreten Beispielen in bestimmten Fragen geführt werden.

Lesesteine

Kassandrarufe!

FERDINAND FRIEDENSBURG hielt am 7. Juli 1958 in Paris einen Vortrag, den das Essener „Glückauf" Nr. 3 vom 31. 1. 1959 wiedergibt.

Erneut brachte er dort seine sattsam bekannten entwicklungshemmenden Theorien zum Ausdruck. Er malt das Gespenst einer Bedrohung der Weltwirtschaft (wobei natürlich nur die kapitalistische Wirtschaft gemeint ist) beim Verkehr mit Mineralrohstoffen an die Wand. Nichtindustrialisierte Länder — nach FRIEDENSBURG 150 an der Zahl, darunter Rumänien, Polen, China, Indien, Kanada usw. — mit mehr als zwei Drittel der Erdoberfläche und der Erdbevölkerung sind „Rohstoffländer". Diese wollen nicht mehr wie vor Jahrzehnten ihre Kupfer-, Zinn- und Bleierze sowie ihr Rohöl und andere mineralische Rohstoffe lediglich exportieren, sondern auch möglichst selbst im eigenen Lande verarbeiten. Der „Ernst der Lage", der dadurch entstanden ist, zeigt sich darin, daß die Produktion der wichtigsten Rohstoffe in den Nichtindustrieländern nicht nur absolut, sondern auch im „Verhältnis zur Weltproduktion" (wobei wieder nur die kapitalistische Produktion gemeint ist) ständig zunimmt. „Das bedeutet eine wachsende Abhängigkeit der Weltindustrie (müßte heißen: der Industrie der kapitalistischen Länder) von dieser Ländergruppe." Der Bergbau in diesen Rohstoffländern erfordert hohe Investitionen, und bei der Betrachtung der Finanzierungsfragen enthüllt FRIEDENSBURG sein wahres Gesicht, seine extrem reaktionär-rückschrittliche und konservative Gesinnung.

„Selbstverständlich kann Kapital in solchen Mengen nur in den hochentwickelten Industrieländern aufgebracht werden. Der Beitrag der nichtindustrialisierten, ärmeren Länder wird noch für lange Zeiträume unbedeutend sein, selbst für die notwendigen Erschließungsarbeiten auf ihren eigenen Gebieten. Man lasse hierbei die Ausnahmesituation der kommunistischen Länder außer Betracht, wo die notwendigen Investitionen vom Staat aus erfolgen, der sie aus direkten oder indirekten Abgaben der Bevölkerung, also aus dem Einkommen der Bevölkerung aufbringt, mit der notwendigen Folge, daß dort die Lebenshaltung unverhältnismäßig niedrig ist."

Wo eigentlich die Mittel der imperialistischen Monopole herkommen, das verrät FRIEDENSBURG nicht. Sie fallen u. W. nicht vom Himmel, sondern rühren vom Schweiß der ausgebeuteten Werktätigen her. Aber unsere Rohstoff-Kassandra jammert weiter: „Jedenfalls besteht kein Zweifel, daß die sogenannten unterentwickelten Länder, deren Minerallagerstätten für die Weltindustrie und daher für unsere wirtschaftliche Existenz überhaupt unentbehrlich sind, einstweilen keineswegs die riesenhaften Kapitalbeträge für die Erschließung dieser Vorkommen selbst aufzubringen vermögen. Gleichzeitig besteht noch weniger Zweifel, daß diese Länder, wenn man sie als Gesamtheit betrachtet, mit nicht wenigen bemerkenswerten Ausnahmen, bei ihrer eigenen Bevölkerung weder die wissenschaftlichen Kenntnisse noch die technischen Erfahrungen voraussetzen können, die im modernen Bergbau für die Aufsuchung, Erschließung und für den Abbau erforderlich sind." Die vom „Fremdenhaß geschürten Revolutionen", wie in Indonesien und im Irak, erschüttern das Vertrauen der kapitalistischen Geldgeber.

Zum Schluß schlägt FRIEDENSBURG vor, damit die Konzerne ihre mineralischen Rohstoffquellen fest in der Hand behalten können, „für die Erschließung und Ausbeutung von Mineralvorkommen internationale Institutionen zu schaffen". Diese sollen dann dafür sorgen, daß der früher einmal vorhanden gewesene Gleichklang im relativ reibungslosen Güteraustausch zwischen den imperialistischen und den von ihnen abhängigen Kolonialländern wieder hergestellt wird.

FRIEDENSBURGs imperialistische Wehrufe werden wirkungslos verhallen. Das Rad der Geschichte läßt sich nicht mit pseudowissenschaftlichen Phrasen zurückdrehen. E.

Unvermeidbare Entwicklung

Bisher versuchen konservative Kräfte die wirtschaftliche und technische Entwicklung nach Möglichkeit aufzuhalten. Immer stärker tritt jedoch selbst in kapitalistischen Kreisen die Erkenntnis auf, daß ein solcher Kampf keinen Erfolg haben kann.

Aus einer Rede von M. EPRON, Generaldirektor der Lorraine-Escaut, über „Die Entwicklung und die Zukunftsperspektiven der Stahlindustrie", die Anfang März d. Js. gehalten wurde, zitieren wir:

„Die Entwicklung ist unvermeidbar. Man lebt nicht mehr von der Vergangenheit. Man kann nicht mehr isoliert leben. Und in einer Welt, in der die Grenzen schwinden, muß bei gleicher Qualität zum gleichen Gestehungspreis erzeugt werden wie bei den ausländischen Industrien. Mehr als je ist das eine Frage auf Leben oder Tod. Es ist unnütz, darüber zu philosophieren, um zu wissen, ob diese Notwendigkeit gut oder schlecht ist, ob diese schnelle Entwicklung zu schnell ist und ob sie für die Menschheit segensreich bleibt. Diese Fragen dürften vom praktischen Standpunkt aus ohne Sinn sein. Die Entwicklung ist nicht zu wenden. Wohl oder übel muß man ihr folgen. Wir können die Schnelligkeit der Entwicklung nicht meistern, aber wir müssen ihr folgen können, und das erfordert enorme Kapitalien."

Und diese „enormen" Kapitalien kann der Imperialismus nicht mehr aufbringen, da er in bereits veralteten Betrieben zuviel Investitionen festgelegt hat. Nur die sozialistische Industrie ist in der Lage, diese gewaltigen Mehrwertakkumulationen zu schaffen und zum Wohle der Menschheit auszuwerten. I.

Der „Mommsen-Plan"

Ernst-Wolf Mommsen, Vorstandsmitglied der Phönix-Rhein-Ruhr in Düsseldorf, hat den Monopolen einen neuen Plan unterbreitet, der darauf hinausgeht, durch den Export von technischen und wirtschaftlichen Ergebnissen die Position des Imperialismus zu stärken. In dem Plan wird die Errichtung sogenannter Kontaktstellen zunächst in Indien, der VAR und dem Iran vorgeschlagen. Ihre Aufgabe wird darin gesehen, als Mittler „die Wünsche und Hoffnungen der einen Seite mit den Möglichkeiten des anderen Partners in Einklang zu bringen". Die Verbindung zur Bundesrepublik soll über die „Arbeitsgemeinschaft für die Zusammenarbeit mit den Entwicklungsländern" erfolgen, die 1957 von sieben Unternehmerverbänden gegründet wurde. Mit dem „Mommsen-Plan" ist eine Forderung der Asien-Delegation des BDI vom Februar/März 1956 wieder aufgegriffen worden. I.

Griff der „Hohen Behörde" nach afrikanischen Bodenschätzen

Emile Schneider, Luxemburg, legt die Perspektiven der Montanunion für die Erkundung von afrikanischen Bodenschätzen folgendermaßen fest:

„Das gemeinsame Vorgehen beginnt nicht erst mit der Errichtung neuer Abbaustätten. Ein Blick auf die Karte der Bodenschätze zeigt, daß in Afrika viele Vorkommen noch wenig erforscht, ja oft kaum bekannt sind. Bevor man daher darangehen kann, erhebliche Beträge in neuen Erzgruben zu investieren, die oft Hunderte von Kilometern von der Küste entfernt liegen, wird man sich vergewissern müssen, ob nicht in größerer Nähe abbaufähige Vorkommen liegen, die bisher nicht bekannt waren. Nur durch systematische Forschungen kann diese Aufgabe gelöst werden. Das Risiko derartiger Forschungsarbeiten — die u. U. ergebnislos sind — ist für eine einzige Gesellschaft viel zu groß.

Die Hohe Behörde verfolgt mit Interesse die Entstehung großer gemeinsamer Unternehmen auf diesem Gebiet. Sie kann in diesem Falle über ihre beratende Aufgabe hinausgehen und selbst praktisch eingreifen. In diesem Sinne hat sie beschlossen, eine finanzielle Unterstützung für die Forschungsarbeiten des französischen „Bureau Minnier" in Afrika zu gewähren, mit dem Ziel, diese Arbeiten zu beschleunigen. Den Stahlindustrien der Gemeinschaft ist dafür die Möglichkeit gegeben, sich am Abbau der Vorkommen zu beteiligen, die bei den Forschungsarbeiten entdeckt werden, und sich auf diese Weise eigene Versorgungsquellen zu sichern. Das ist eine neue Form der Zusammenarbeit, die sich in den Rahmen der Assoziierung der überseeischen Gebiete im Gemeinsamen Markt organisch einfügt. Sie dient gleichzeitig der wirtschaftlichen Entwicklung Afrikas und der festeren wirtschaftlichen Verbindung Europas mit diesem Kontinent." E.

Besprechungen und Referate

Geologie der UdSSR

Bd V, (Ukrainische SSR und Moldauische SSR), Teil 1, 1000 S., Gosgeoltechnisdat, Moskau 1958

Vom Ministerium für Geologie und Lagerstättenschutz der UdSSR herausgegeben, erschien im vorigen Jahr der erste Teil des V. Bandes der „Geologie der UdSSR", nachdem bereits in den Jahren 1944 und 1947 der VII. und der VIII. Band dieser Reihe vorgelegt wurden. Während im VII. und VIII. Band die Geologie und die Vorkommen von Bodenschätzen des Donbassgebietes bzw. der Krim abgehandelt wurden, wird im vorliegenden ersten Teil des V. Bandes, welcher der Geologie der Ukrainischen und der Moldauischen SSR gewidmet ist, eine Beschreibung des geologischen Baues des Tafelgebietes dieser Republiken gegeben. Der 2. und der 3. Teil dieses Bandes werden sich mit der Geologie des Karpaten- und des Transkarpatengebietes bzw. mit den Bodenschätzen befassen.

Das Werk ist in 7 Kapitel eingeteilt: die Geschichte der geologischen Erkundung, die Grundzüge des geologischen Baues, der Bau des Faltenuntergrundes der Tafel, der geologische Bau der sedimentären Überlagerung des Tafelgebietes, die Geomorphologie und die Geschichte der geologischen Entstehung.

Die Verfasser waren bemüht, nach Möglichkeit die neuesten vorhandenen Unterlagen und Ergebnisse (nach dem Stand 1956) zu verwenden. Der vorliegende Band entstand unter der Leitung des Mitgliedes der Akademie der Wissenschaften der Ukrainischen SSR Professor Semenenko und des Hauptgeologen Erschow.

Dem Band sind eine geologische Karte des Gebietes nach dem Stand vom Januar 1958 sowie zwei weitere Karten (Karte der Quartärablagerungen und Karte der Struktur und Petrographie des ukrainischen kristallinen Massivs) beigelegt. Bintig

Sammelband „Geologie und Bergbau", Nr. 28

335 S., Metallurgisdat, Moskau 1958

Die wissenschaftlich-technische Gesellschaft für Buntmetallhüttenwesen und das Moskauer Kalinininstitut für Buntmetalle und Gold veröffentlichen ihre wissenschaftlichen Arbeiten in Form von Sammelbänden unter dem Titel „Geologie und Bergbau", von denen jetzt der 28. Band vorliegt. Er enthält auf 335 Seiten insgesamt 22 Arbeiten. Es werden eine Reihe von allgemeinen geologischen Problemen behandelt, wie das Verhältnis der Gesteinsgänge und der Vererzung in magmatischen Komplexen, die Genese von Uranerzen in alten Konglomeraten, die Unterschiede bei Blei-Zink-Lagerstätten in Schichten verschiedenen Alters, die Besonderheiten des Bleiverhaltens in der Oxydationszone einer polymetallischen Kieslagerstätte und andere Fragen.

In einigen Arbeiten wird über Forschungen auf den Gebieten der angewandten Geologie und der Untersuchungsverfahren berichtet, wie z. B. über die Bestimmung des rationellsten Wertes für den geologischen Schwellengehalt bei der Vorratsberechnung von Erzlagerstätten, über einige Prinzipien der geometrischen Konstruktion von Zustandsdiagrammen unter Anwendung der Linien gleicher Druckpotentiale und über neue Arten von Zustandsdiagrammen für Zweistoffsysteme.

Die Arbeiten auf dem Gebiet des Bergbaus sind praktischen Fragen gewidmet, wie der Berechnung von zentralisierten Trockenentstaubungsanlagen, der Anwendung des Millisekundenschießens in Tagebauen, der Berechnung des optimalsten Schachtfördersystems mit Unterseil, der Wasserabscheidung bei der Drucklufttrocknung, der Mehrseil-Treibscheibenförderung und anderen.

Das Buch dürfte für alle Geologen und Bergleute von großem Interesse sein, da in ihm die neuesten Erfahrungen und Untersuchungsergebnisse in der Sowjetunion auf dem Gebiet der behandelten Fragen dargelegt sind. Bintig

Jux, U.

Die Riffe Gotlands und ihre angrenzenden Sedimentationsräume

Acta Universitatis Stockholmiensis. Stockholm Contributions in Geology I, 4, S. 41—89, 6 Taf., 11 Abb. i. T.

Nach der Gegenüberstellung der zwei wesentlichsten bisherigen Auffassungen zur Stratigraphie Gotlands, der Bra-

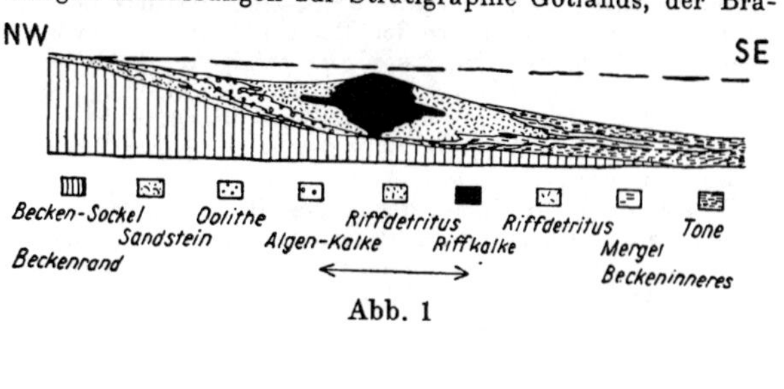

Abb. 1

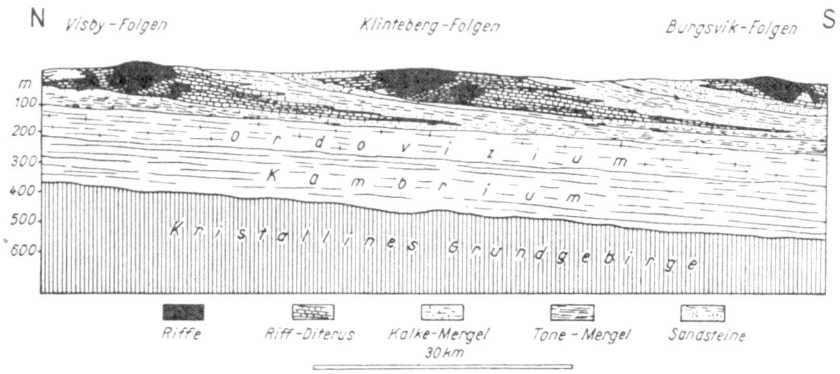

Abb. 2

chyopodengliederung nach HEDE u. a., die 12 bis 13 Schichtglieder (Zonen) unterscheidet, und dem Gliederungsversuch von WEDEKIND u. a. mit seinen 6 Stufen, erörtert der Verfasser unter Auswertung zahlreicher Bohrergebnisse die regionale Verteilung und Lagerung der bisher ausgeschiedenen silurischen („gotlandischen" oder „obersilurischen") Schichtenglieder auf Gotland. Dabei steht die faziell-biolithologische Zusammenschau der vielen Einzelbeobachtungen im Vordergrund; demgegenüber bleibt man in der fast gleichzeitig erschienenen Arbeit von Prof. RUTTEN und Mitarbeiter (Geologische Rundschau 1958, Bd. 47, H. 1) hinsichtlich der Fazies und der Riffe mehr bei ausgezeichneten Einzelbeobachtungen und -deutungen auf der Basis der bisherigen stratigraphischen Auffassungen und Gliederungen stehen. JUX kommt für Gotland zu einer völlig neuen Zusammenschau, die ein vielfältiges fazielles Nebeneinander ergibt, das bisher als ein schematisch-stratigraphisches Übereinander aufgefaßt und bis ins einzelne zu begründen versucht worden war.

Abb. 2 zeigt das vom Verfasser gewonnene fazielle Schemaprofil, welches den Schlüssel zu einer weitgehenden Vereinfachung der Stratigraphie Gotlands bildet: Den 12 bzw. 13 Schichtgruppen nach HEDE stehen nunmehr 3 faziell-genetische „Folgen", wie sie JUX nennt, gegenüber, die regional dachziegelartig von N nach S übereinanderliegen und in die jeweils $\pm$ gut erhaltenen und ausgebildeten Riffgruppen im Sinne von Barrier-Riffgürteln eingeschaltet sind, die ein Streichen von SW—NO haben. Zu jedem Riffgürtel, der aus Biostromen und Biohermen oder — nach anderen Einteilungsmethoden — aus derben, wulstigen oder knolligen Stromatoporen- und korallenreichen Riffkalken, Rifftrümmer- und Krinoidenkalken bestehen, gehört eine landseitige, küstennahe sandig-oolithische und eine seeseitige, küstenfernere tonig-mergelige Begleitsedimentation, die durch eine Vielzahl seitlicher und vertikaler Faziesübergänge ausgezeichnet ist.

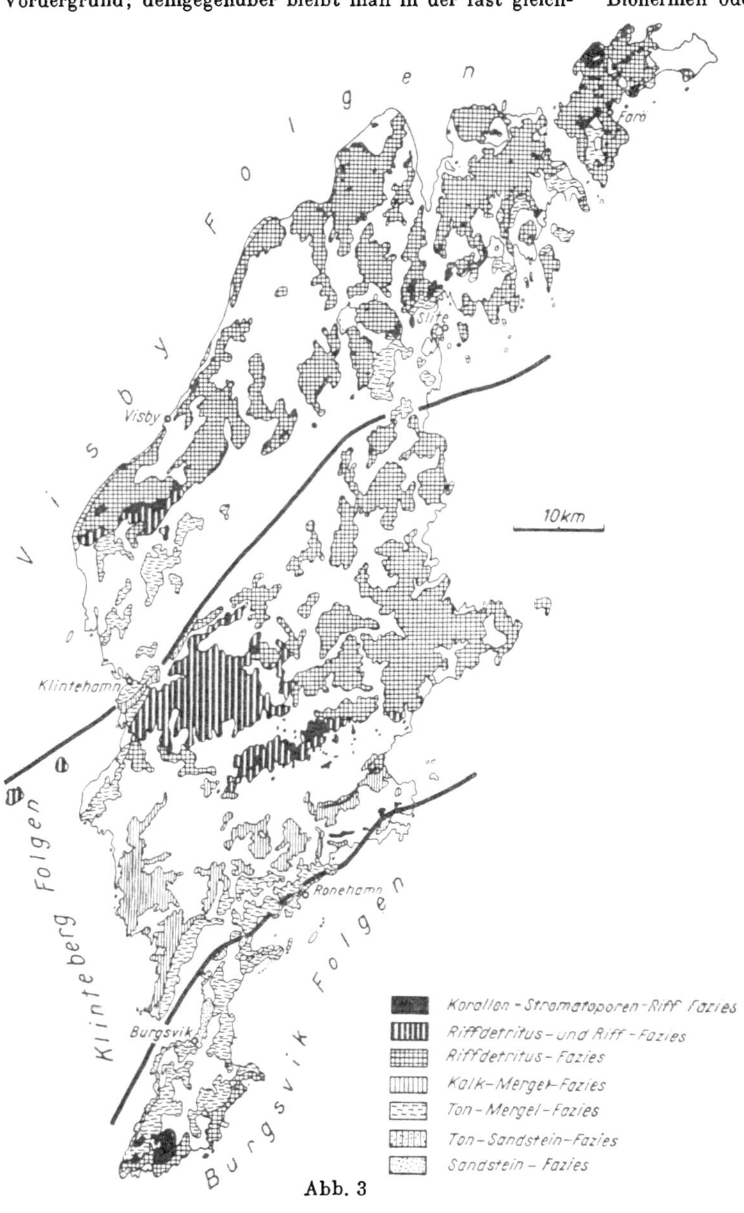

Abb. 3

Jede Fazies enthält eine ihr biologisch adäquate, hier prächtig erhaltene, Fossiliengemeinschaft. Die Folgen im einzelnen; im Norden: die Visby-Folgen als älteste (Obervalentium bis Oberwenlock), in Mittelgotland die KlintebergFolgen (Oberwenlock bis Unterludlow) und im SO die Burgsvik-Folgen als jüngste (Ludlow). Ein ältester vierter Riffgürtel, der, heute abgetragen, einst im NW der Insel gelegen haben könnte, läßt sich auf Grund der die Visby-Folgen unterlagernden Tone und Mergel (seeseitige Fazies) vermuten (Abb. 1 und 3).

Wie die drei Folgen selbst, so zeigen auch die Riffgürtel eine regionale Verlagerung von NW nach SO. Die Ursachen dafür werden in bruchlosen epirogenetischen Aufwärtsbewegungen der N- und NWlich angrenzenden Kristallingebiete Schwedens erblickt, denen im Südostbereich eine entsprechende Absenkung entsprechen dürfte.

Paläogeographisch ordnen sich die gotländischen Silurbildungen nunmehr als nordwestlicher Randsaum organisch einem skandinavisch-baltischen Flachmeere ein, welches (auch nach den Untersuchungen von RUTTEN und Mitarbeitern) warm und nur untief gewesen sein kann. Demgegenüber mußte noch VON BUBNOFF 1952 annehmen, daß Gotland eine riffbildende Schwellenregion in einem ganz Mittelschweden und den Ostseeraum bedeckenden Flachmeer gewesen sei, das (?) unmittelbare Verbindung mit den mächtigen Geosynklinalablagerungen im Oslogebiet hatte, während seine Ostküste im rifffreien estnischen Raum vermutet wurde. JUX nimmt nunmehr mit gutem Recht an, daß selbst zwischen Gotland und den mittelschwedischen Silurbildungen eine Festlandschwelle lag, deren Küstenlinie etwa der heutigen schwedischen Ostküste parallel lief.

W. KRUTZSCH

ADAMS, J. A. S. & WEAVER, C. E.

Thorium-to-Uranium Ratios as Indicators of Sedimentary Processes; Example of Concept of Geochemical Facies

Bulletin of the American assoc. of Petrol. Geologists, Oklahoma, 42 (1957), 2, S. 387–430. 18 Abb. 29 Lit.

Infolge analytischer Schwierigkeiten lagen bisher nur wenige Angaben über die Thorium- und Urangehalte von Sedimentgesteinen vor. Mehr als 200 neue Thorium- und Uranbestimmungen sind mittels Gamma-Spektroskopie und alpha-Aktivität-fluorometrische Messungen durchgeführt worden. Diese beiden, voneinander unabhängigen Methoden dienen auch der Überprüfung des radioaktiven Gleichgewichtes. Nur selten fanden sich im Verlauf vorliegender Untersuchungen frische Proben alter Sedimente, bei denen das radioaktive Gleichgewicht gestört war. Die Genauigkeit der Bestimmungen des Th/U-Verhältnisses ist für viele geologische Arbeiten mehr als ausreichend.

Die zahlenmäßigen Werte für das Th/U-Verhältnis reichen bei Sedimentgesteinen von weniger als 0,02 bis zu mehr als 21. In vielen oxydierten kontinentalen Ablagerungen liegen die Werte über 7, während die meisten marinen Ablagerungen Werte weit unter 7 ergeben. Das Th/U-Verhältnis ist also abhängig von den Bildungsbedingungen des Sedimentes. Verschiedene untersuchte Sedimentfolgen zeigen die Möglichkeit, mit diesem Verhältnis sedimentäre Prozesse und Bildungsräume zu unterscheiden. Der Thorium-Gehalt von Schiefern ist viel weniger Änderungen unterworfen als der Urangehalt. Mittels Mineral- und Spurenelement-Analysen ist ein Versuch unternommen worden, für die Uran- und Thoriumgehalte von Sedimentgesteinen die Anteile zu ermitteln, die jeweils auf uran- und thoriumhaltige Schwermineralien, auf Hydrolysate und Ton (adsorbtive Bindung) und auf Präzipitate entfallen. Diese Daten gestatten auch einen detaillierteren Einblick in die Fragen der Mobilisation, des Transportes und der Fixierung von Thorium und Uran im sedimentären Kreislauf.

Geländeversuche zeigen, daß quantitative Kalium-, Uran- und Thorium-Bestimmungen mit einer neu entwickelten Gamma-Spektralsonde möglich sind.

Derartige Bohrlochversuchsmessungen können ein weiteres und sehr wichtiges Mittel zur Interpretation und Parallelisierung von Schichten sein.

(Nach dem Autorreferat) ULLRICH

GRIGORJEW, N. P.

Isotopenanalyse — ein mögliches Prospektionsverfahren

„Raswedka i Ochrana Nedr", 1959, Heft 1, Seite 56

Von immer größerem Interesse sind in der heutigen Zeit solche Prospektionsmethoden, mit denen man Erzlagerstätten feststellen kann, die nicht zutage austreten. In diesem Zusammenhang rufen ein besonderes Interesse die Arbeiten amerikanischer Forscher — des Geologen ENGEL und der Geochemiker EPSTEIN und CLYTON — hervor, welche die Gesetzmäßigkeiten der Verteilung von Sauerstoffisotopen im Nebengestein von Erzlagerstätten untersuchten. Kurze Informationen über ihre Untersuchungen erschienen in einer Reihe von Zeitschriften, so z. B. im Chemical Engineering and Mining Review, 1957, Band 30, Nr. 2, im Rhodesian Mining Journal, Band XXX, Nr. 369 u. a.

Von den Forschern wurden Kalksteine der Leadvilleformation in Colorado untersucht, in denen große polymetallische Lagerstätten auftreten. Es wurde davon ausgegangen, daß die jüngeren von ihnen aus heißen erzführenden Lösungen entstanden sind, die in die Gesteine eindrangen (besonders in karbonatische), diese „aufheizten" und dabei, einen ausgedehnten Verbreitungshof bildend, auf diese Erze chemisch einwirkten. Die Fläche dieser Verbreitungshöfe (Halo) ist gewöhnlich 18–20mal größer als die Fläche der Erzausbildungen, mit denen sie verbunden sind.

In Gesteinsproben, die innerhalb und außerhalb der Grenzen dieser Verteilungshöfe entnommen wurden, ergab sich kein merklicher Unterschied in der Struktur und in der chemischen Zusammensetzung unabhängig davon, in welcher Entfernung vom Erzkörper diese Proben entnommen wurden. Eine Massenspektralanalyse zeigt jedoch folgendes: Außerhalb der Verbreitungshöfe kann keine irgendwie geartete Veränderung des Verhältnisses der Sauerstoffisotopen O_{18} und O_{16} festgestellt werden. Innerhalb dieser Verbreitungshöfe aber liegt eine lineare Abhängigkeit der Größe dieses Verhältnisses vom Abstand zum Erzkörper vor.

Dieses Verhältnis hängt von jenen chemischen und Wärmeeinwirkungen ab, denen die Gesteine während des Durchganges der erzführenden Lösungen unterworfen waren. Nach Ansicht der Vertreter des Kalifornischen Technologischen Institutes kann das Verhältnis der Isotopen O_{16} und O_{18} in seiner Art als „geochemisches Thermometer" angesehen und zur Bestimmung der Temperaturen benutzt werden, die vor Millionen Jahren aufgetreten sind. Die Vertreter des Institutes sind der Meinung, daß diese Entdeckung ein wichtiges Hilfsmittel bei der Untersuchung der Prozesse ist, die in der Erdrinde vor sich gehen und „die Grundlage für einen der wichtigsten Beiträge auf dem Gebiete der Prospektion von Erzlagerstätten innerhalb der letzten 50 Jahre darstellt".

BINTIG

SCHMIDT, K. H.

Improved logging methods reveal productive zones

„World Oil", Vol. 147 (1958), Nr. 6, S. 125–129, 4 Abb.

Verf. berichtet über neue Entwicklung von Gasdetektoren für kontinuierliche Messung im Spülungsstrom von Bohrungen. Die bisherigen Geräte, auf dem Bolometerprinzip beruhend, haben den Nachteil, daß alle brennbaren Gase angezeigt werden. Außerdem muß bei höheren Konzentrationen von Kohlenwasserstoffen der Verbrennungskammer Luft beigemischt werden; die untere Grenze der Empfindlichkeit liegt bei Konzentrationen von $200 \ldots 50 \cdot 10^{-6}$. Diese Nachteile vermeidet man weitgehend mit der Infrarotanalyse. Die untere Nachweisgrenze liegt hier bei $50 \cdot 10^{-6}$. Das Auflösungsvermögen für Einzelkomponenten wird durch Verwendung schmaler Infrarot-Frequenzbänder erreicht. Auch die Massenspektrometrie ist für Bohrlochmessungen bei kontinuierlich schreibendem Betrieb entwickelt worden. Doch ist die Trennung der Komponenten auf diese Weise schwierig. Die Methode eignet sich daher hauptsächlich für Standard-Analyse im diskontinuierlichen Betrieb. Die Gaschromatographie ist für kontinuierlich schreibenden Betrieb gleichfalls nicht geeignet, wegen ihrer hohen Empfindlichkeit und Auflösungsfähigkeit aber als Analysengerät wichtig.

MEINHOLD

SUTTON, J.

Die Tagesanlagen für die Methanabsaugung und -verwendung in Nordstaffordshire

The Mining Electrical and Mechanical Engineer (Manchester) Bd. 39 (1959) Nr. 461, S. 243–252

Während ursprünglich die Methanbeseitigung nur ein Mittel war, die Schlagwettergefahr zu verringern, ist man zur Zeit bestrebt, soviel wie möglich von dem vorhandenen Methan industriell zu nutzen. In ihrem grundsätzlichen Aufbau gleichen sich die Übertageanlagen für die Methangewinnung in allen Gruben.

In der sog. „Eingangsseite" wird das abgesaugte Methan in qualitativer Hinsicht überwacht. Zweck der Überwachung ist, zu verhindern, daß verdünnte, minderwertige oder gar explosive Luftgasgemische in die Gasverwertung geliefert werden. Auch auf der „Ausgangsseite" wird das Gas nochmals einer gleichen Qualitätsprüfung unterzogen.

Für die beiden Verwendungszwecke, Verwertung auf der eigenen Zeche oder Einspeisung in das öffentliche Gasnetz, werden die dazugehörigen Ausrüstungen beschrieben. E.

WINKLER, H.

Kautschuk — Zinn — Erdöl.
Der Kampf um die Rohstoffe Südostasiens

254 S., 1 Karte, Verlag „Die Wirtschaft", Berlin 1959, 6,— DM

Das Buch stellt eine Erweiterung der Dissertation des Verfassers dar: „Die Gegensätze zwischen den imperialistischen Mächten im Kampf um die Kontrolle der wichtigsten Rohstoffe Südostasiens unter besonderer Berücksichtigung der Zeit nach dem zweiten Weltkrieg." (Humboldt-Universität zu Berlin.)

Für den Geologen ist beachtenswert der Abschnitt E des Buches, der manches Interessante über die Zinnerz-Produktion, den Zinnmarkt und das Zinnkartell bringt. Der Schwerpunkt der Betrachtungsweise liegt jedoch auf politisch-ökonomischem Gebiet; vor allem werden die imperialistischen Gegensätze beim Kampf um die Kontrolle über die Zinnproduktion beschrieben.

Dem Werk ist eine Kartenskizze über die Rohstoffvorkommen in Südostasien beigegeben, auf der die Zinnerz-, Eisenerz- und Erdölvorkommen eingetragen sind. Als Beispiel der zahlreichen Tabellen des Buches diene die folgende:

Zinnerzförderung, Zinnverbrauch und Durchschnittspreise

Jahresdurchschnitt	Zinnerzförderung (Metallgehalt, 1000 lgt) Südostasien	Übrige kapital. Länder	zusammen	Verbrauch von Neuzinn (1000 lgt) USA	Übrige kapital. Länder	zusammen	Durchschnittspreis (je lgt, in Pfund Sterling)	Höchstpreis	Niedrigster Preis
1900–1913	76,8	47,0	123,8	39,5	68,5	108	150	209	118
1914–1919	73,0	53,0	126,0	63,0	56,0	119	225	399	120
1920–1925	74,0	52,0	126,0	76,0	44,0	120	215	419	139
1926–1930	109,1	64,7	173,8	78,0	88,0	166	254	321	104
1931–1935	72,5	47,5	120,0	54,0	73,0	127	160	245	100
1936–1940	80,5	73,5	154,0	67,0	87,0	154	225	311	153
1941	158,0	92,0	250,0	103,0	70,0	173	261	283	255
1942–1946	26,4	83,6	110,0	54,0	47,0	101	299	382	276
1947–1951	85,7	68,5	154,2	60,0	75,0	135	660	1620	382
1952–1956	103,0	72,0	175,0	55,0	89,0	144	790	1005	566

Quelle: Zusammengestellt, errechnet und ergänzt nach: United Nations: A Study of Trade between Asia and Europe, Genova 1953; United States Department of Commerce National Production Authority — Material Survey Tin, Chapter 10, Salient Statistics, Washington 1953; International Tin Study Group; Statistical Yearbook 1956, The Hague 1956 und „Tin" (London), Mai 1957, Statistical Supplement. E.

DUKALOW, M.

Eine Schachtanlage neuen Typs

„Master Uglja", Nr. 12, 1958

Das Kollektiv des Instituts für Schachtprojektierung Süd entwickelte das Projekt einer Schachtanlage neuen Typs mit einer Förderleistung von 20000 t Kohle pro Tag bzw. 6 Mio t pro Jahr. Das im Bezirk Krasnoarmejsk im Donbass für den Abbau vorgesehene Grubenfeld hat 10 km Ausdehnung und 446 Mio t Kohlenvorräte. Für den Abbau sind 13 bauwürdige Flöze mit einer Mächtigkeit von 0,6—1,33 m und einem Einfallen von 8—15' Grad vorgesehen. Die Betriebszeit der Schachtanlage wurde auf 75 Jahre berechnet.

Um eine hohe Förderleistung und normale Wetterbedingungen zu gewährleisten, wurde das gesamte Grubenfeld in 5 Blöcke unterteilt. Ein Block bildet eine selbständige Produktionseinheit mit einer Jahresförderung von 1,2 Mio t Kohle und ist 2 km lang. In jeder Sohle werden in einem Block 2—4 Flöze abgebaut. Der Strebfortschritt pro Zyklus beträgt 1 m. Beim Abbau von der Abteilungsgrenze zum Brems- oder Haspelberg wird das Hangende zu Bruch geworfen. Für den Abbau in der ersten Sohle wurden 3 seigere Schächte im Zentrum des Grubenfeldes und vier an den Seiten geteuft, die Frischwetter zuführen sollen. Ein in jedem Block befindliches Bohrloch dient der ausziehenden Bewetterung. In der Fördersohle werden von den Schächten im Zentrum aus Hauptförderstrecken aufgefahren, in welchen die Kohle von allen Blöcken zu den zentralen Schächten gebracht wird.

Zur Erzeugung von Gas sollen Aufbereitungsrückstände und ein Teil der Grubenberge verwendet werden. Das Generatorengas wird als Brennstoff für Gasturbinen benutzt, die Elektroenergie erzeugen. Die Mitarbeiter der Schachtprojektierung Süd wollen aus dem Staub der Gaskohle einen neuen Brennstoff — Koksbrikett — herstellen. Der hohe Heizwert, die rauchlose Verbrennung und die ausreichende mechanische Festigkeit machen das Koksbrikett zu einem äußerst wertvollen Brennstoff. Die chemische Veredelung bietet ebenfalls die Möglichkeit, aus der Gaskohle alle wertvollen flüssigen und gasförmigen chemischen Produkte zu gewinnen.

Die technisch-ökonomischen Kennziffern für das Projekt der Schachtanlage neuen Typs übertreffen die projektierten Kennziffern anderer neuer Schachtanlagen. Nach dem Projekt soll die Grubenleistung 5,3 t pro Mann und Schicht betragen. Die gegenwärtige Grubenleistung im Donbass beträgt dagegen nur 1,4 t. Die Selbstkosten pro Tonne Kohle liegen im vorliegenden Projekt gegenüber den Projekten anderer Schachtanlagen um 30—35 Rubel niedriger, was 180—200 Mio Rubel Einsparung jährlich bedeutet.

DRESSEL

Nachrichten und Informationen

Rohstoff- und Energiereserven des Gebietes Saratow

Das Gebiet von Saratow (nach G. DENISSOW, „Prawda", 16. 3. 59) wird das bedeutendste Zentrum der Sowjetunion für die komplexe Entwicklung der Erdöl- und Chemieproduktion werden. Eine Großindustrie für organische Synthese wird dort entstehen. Erst seit 15 Jahren werden Erdöl und Erdgas im Gebiet Saratow gewonnen. Seitdem sind fast eine Million Bohrmeter abgeteuft; es wurden 27 Gas- und Erdölvorkommen entdeckt und über 13 Milliarden t Gas sowie Millionen Tonnen Erdöl gefördert. „Von Jahr zu Jahr werden neue Lagerstätten an Erdgas entdeckt". Die Arbeiten zur Umstellung aller städtischen Kraftwerke und des größten Teiles der Industrie- und kommunalen Versorgungsgebiete auf Erdgas sind abgeschlossen.

Der Bohrfortschritt auf den einzelnen Bohrvorhaben soll auf etwa das Doppelte gesteigert werden. Im Jahre 1958 erreichte die beste Brigade des Gebietes Saratow eine Förderung von 38212 t Rohöl und 1522967 Mio m³ Erdölgas pro Mann. Mit diesem Erfolg wird die Pro-Kopf-Leistung der Erdölarbeiter der USA weit übertroffen. Vom Vorbild dieser Brigade angespornt, werden auch die übrigen Bohrmannschaften ihre Arbeitsproduktivität in den nächsten 1—2 Jahren mindestens verdoppeln. Insgesamt haben sich die Bohrmannschaften zusammen mit den Geologen und Geophysikern verpflichtet, im laufenden Jahr 7 Erdöl- und Erdgasvorkommen zur Produktion vorzubereiten und 1 Erdgas- oder Erdölvorkommen überplanmäßig für die industrielle Auswertung zu erschließen.

„Die Praxis zeigt, daß es notwendig ist, für jeden Bezirk Pläne zur komplexen Auswertung aller seiner mineralischen Rohstoffvorräte aufzustellen."

Die Vorkommen an Kreide, Mergel und Tonerde sollen weitgehend nutzbar gemacht werden.

„Das Gebiet Saratow verfügt weiter über zahlreiche Fundstätten von Phosphoriten, Kalksteinen, Kali- und Steinsalzen, die die Basis einer chemischen Großproduktion bilden können. Diese Salze sowie die Phosphorite und das Erdgas werden es ermöglichen, im Wolgagebiet eine lohnende Stickstoff-, Phosphat- und Kaliindustrie ins Leben zu rufen und damit eine zusätzliche große Quelle zur Steigerung der Erträge von landwirtschaftlichen Kulturen in den unermeßlichen Weiten der Wolgasteppen zu erschließen."

I.

Erdöl

Devon-Erdöl für die DDR

Nach einer Mitteilung der „Wirtschaft" Nr. 20 vom 13. 5. 1959 wird das Rohöl, das aus der Sowjetunion nach der DDR durch eine Fernleitung transportiert werden soll, aus den Devon-Vorkommen der Tatarischen ASSR stammen. In diesem Gebiet sind die Förderkosten nur ein Viertel so hoch wie in Baku.

Aus dem Kama-Gebiet werden daher nach Osten und Westen die transsibirische und die transeuropäische Rohölfernleitung verlegt. Diese werden die Raffinerien Sibiriens, des Fernen Ostens sowie die der DDR bei Schwedt a. d. Oder und anderer volksdemokratischer Länder mit Rohöl versorgen. Die Gesamtlänge der projektierten Rohölfernleitungen wird 15000 km übersteigen.

E.

Massenspektroskopie bei Erdölbohrungen[1]

Zahlreich sind die Anwendungsmöglichkeiten der Massenspektroskopie in Wissenschaft und Technik. Diese Untersuchungsmethode verdient insofern besondere Beachtung, weil sie gestattet, Gase und Flüssigkeiten viel schneller zu analysieren als mit jedem anderen Verfahren. Ein Anwendungsgebiet der Massenspektroskopie, das zu einem der ältesten in der Technik gehört, ist die chemische Industrie, die die Massenspektroskopie bei der Fraktionierung und beim Kraken verwendet. In der Zwischenzeit sind viele Massenspektrographen für die Wissenschaft und für die Anwendung in der Industrie entwickelt worden. Das Hauptanwendungsgebiet dieser Untersuchungsmethode bleibt nach wie vor die chemische und die Erdölindustrie, in der ein Anwendungsversuch auch bei Erdölbohrungen erfolgreich verlief. Kommt nämlich eine Bohrung erdölführenden Schichten näher, so ist der Bohrschlamm im allgemeinen reich an Kohlenwasserstoffgasen. Früher führte man die Gasanalyse mit Hilfe thermischer Meßgeräte durch. Gegenwärtig nimmt man ein Massenspektrometer, das die Analyse zwanzigmal genauer als das früher übliche Gerät durchführt.

E. SIEGMUND

[1]) FRAADE, D. J.: Massenspektroskopie in Wissenschaft und Industrie. Process Control and Automation (London) Bd. 5 (1958) H 10, S. 394 bis 399.

Erdgas

Erdgase und Raffineriegase

Für die Unterscheidung von trockenen und nassen Erdgasen gibt FRIEDRICH ASINGER in der Anfang 1959 in Berlin erschienenen „Einführung in die Petrolchemie" folgende Zusammenstellung:

Unterschied in der Zusammensetzung zwischen trockenen und nassen Erdgasen in Vol.-%

	Methan	Äthan	Propan	Butan	Pentan
Trockenes Gas	84,7	9,6	3,0	1,1	–
Nasses Gas	36,8	32,6	21,1	5,8	3,7

Im Gegensatz zu den Erdgasen ist der Methangehalt der Raffineriegase geringer und der Gehalt an schwereren Kohlenwasserstoffen größer.

Durchschnittliche Zusammensetzung der Gase, die bei der destillativen Aufarbeitung eines Roherdöles frei werden, in Vol.-%

Methan	5
Äthan	10
Propan	30
Butane	35
Pentane und höher	20

Der Verfasser zieht den Schluß: „Die flüssigen Anteile der Erdgase, die insbesondere aus den nassen Gasen gewonnen werden (Flüssiggase und Naturgasbenzine), beanspruchen für die petrolchemische Industrie größtes Interesse."

Erdgasversorgung Mitteleuropas

Einen bemerkenswerten Beitrag bringt die „Zeitung für kommunale Wirtschaft", München, Nr. 59 vom April 1959. Es wird in ihm betont, daß die UdSSR „das Land mit den wahrscheinlich größten Erdgasvorkommen der Welt" ist. Als 107. sowjetische Stadt wurde Saporoshje an das Erdgasfernleitungsnetz angeschlossen. In den nächsten 10 Jahren werden weitere 15 Großstädte und über 500 kleinere Städte mit Erdgas versorgt werden.

Nachdem der Autor die großen Erdgasgebiete und die von ihnen ausgehenden Ferngasleitungen beschrieben hat, kommt er zu folgendem interessantem Schluß:

„Nach Süden soll das Leitungsnetz bis Odessa, Suchumi und Baku, nach Osten bis Dshebel und Tomsk, nach Westen zunächst bis Riga erweitert werden. Ob es eines Tages nach Mitteleuropa vorstoßen wird? Oder gelingt es Frankreich, mit Sahara-Ergas den deutschen Markt zu beliefern?"

Tatsächlich ist die Situation so, daß sich in Mitteleuropa die Erdgasmengen aus dem Osten unseres Kontinentes und aus der Sahara treffen werden. Es dürfte daher das Problem, Mitteleuropa mit Erdgas durch Fernleitungen ausreichend zu versorgen, eines der bedeutungsvollsten der nächsten Jahre werden. E.

Methanforschung in Rumänien

Der rumänische Minister für die Erdöl- und die chemische Industrie, M. FLORESCO, führte zur Frage der Methanforschung in der Volksrepublik Rumänien u. a. aus („Lupta de Clasa" (Bukarest) Nr. 1/1959):

„Das Hauptaugenmerk muß auf die Nutzbarmachung der reichen Rohstoffquellen, die in unserem Lande vorhanden sind, gerichtet sein. Methan und die bei der Förderung und Verarbeitung von Erdöl anfallenden weiteren Gase und die leichten Erdölfraktionen haben sich als die billigsten Rohstoffe für die Herstellung einer sehr großen Menge verschiedener synthetischer Produkte erwiesen." . . .

„Von großem Interesse sind die Arbeiten zur Herstellung von Azetylen aus Methangas, die in der Filiale des Instituts für Physik in Cluj, die zur Akademie der Rumänischen Volksrepublik gehört, von einem Kollektiv unter Leitung von Prof. A. IONESCU geleistet worden sind." . . .

„Die Wissenschaft ist ihrem Wesen nach revolutionär und steht jeglichem Konservativismus feindlich gegenüber. Dieser Wesenszug der Wissenschaft tritt in der Gegenwart jedoch noch prägnanter in Erscheinung. Die Auswahl des Forschungsthemas ist nur der erste Schritt für den Beitrag der Wissenschaft zur Entwicklung der Produktion. Gleichzeitig aber ist es erforderlich, daß jedes Forschungsthema, das in den Plan der Institute aufgenommen wird, zuvor mit einem technisch-ökonomischen Studium verbunden wird. Dieses Studium muß das Ziel verfolgen, die Ausarbeitung der Forschungsmethode auf dem Weltniveau der Technik und die Rentabilität zu sichern." I.

Ausbau der französischen Erdgaswirtschaft

Die Stadt Nantes wurde an die Erdgasleitung von Lacq angeschlossen. Noch im Laufe dieses Jahres wird der Anschluß von Lyon und Paris erfolgen.

Von dem in Lacq erzeugten Fertiggas wird etwa ein Drittel in SW-Frankreich verwertet, davon ca. 50% für die Gewinnung von billigem elektrischem Strom. Die staatliche Elektrizitätsgesellschaft hat durch Investitionen mit dem Aufbau einer privaten Aluminiumfabrik mit einer Kapazität von 70000 jato begonnen.

Die übrigen zwei Drittel des Fertiggases gehen in das Fernleitungsnetz. Leitungen von 1000 km Länge verbinden das Erdgasvorkommen mit den größeren Städten wie Toulouse, Bordeaux, Lourdes, Bayonne und Pau. Hierzu kommen 1500 km Rohrleitungen, die vor allem Mittelfrankreich mit Erdgas versorgen werden.

Im Herbst 1959 beginnt die Umstellung der Stadtgaswerke von Lyon auf Erdgas. Gleichzeitig wird der Stadtrand von Paris erreicht. Etwas später wird Grenoble angeschlossen. Täglich wird 1 km neuer Rohrleitungen verlegt. Da das Lacq-Gas einen doppelt so hohen Kaloriengehalt (9000) wie Stadtgas hat, muß entweder die übliche Beschaffenheit des Brennstoffs durch Umwandlung herabgemindert werden oder den Brennern an Ort und Stelle von Haushalt und Industrie eine geeignete Form gegeben werden.

Frankreichs Energiebilanz soll 1961 dank der Erdgaserschließung um 10, die Devisenbilanz sogar um 15% entlastet werden. I.

Erdgashüttenwerk in Bône (Algerien)

Die französische Regierung hat entschieden, daß das Projekt für den Bau eines Erdgashüttenwerkes in Bône möglichst schnell vollendet werden soll. Das Werk soll eine Jahreskapazität von 400000—500000 t erhalten. Sein Kraftwerk wird mit Erdgas aus Hassi R'Mell gespeist werden. Der Hüttenkomplex soll durch verarbeitende Metall- und Chemieabteilungen ergänzt werden. In 5 Jahren wird das Kombinat voll in Betrieb stehen. Die Regierung hat 500 Mill. ffrs für Untersuchungen über ein Verfahren zur Verfügung gestellt, das den Betrieb der Hochöfen mit Erdgas zum Ziel hat. Die notwendigen Eisenerze sollen die Gruben von Ouenza liefern.

Die Regierung hat weiter beschlossen, die Ferngasleitung von Hassi R'Mell nach Algerien mit einer Abzweigung nach Oran voranzutreiben und dieses Projekt in 2 Jahren zu verwirklichen, so daß dann Algier und Oran mit billigem Erdgas versorgt werden können. Die Länge der Erdgasleitung von Hassi R'Mell nach Bône wird 650 km betragen. E.

Projektierte Ferngasleitungen für 1959 in den USA

Die größten Bauprojekte sind die Coastal-Houston-Fernleitung von 2500 Meilen Länge (McAlleen, Tex.—Miami), die El Paso Natural, 1700 Meilen lang (California—Utah), die Transwestern Pipeline, 1800 Meilen lang (Texas—California) und die 900 Meilen lange Leitung der Trunkline Gas Co. (Louisana—Michigan). E.

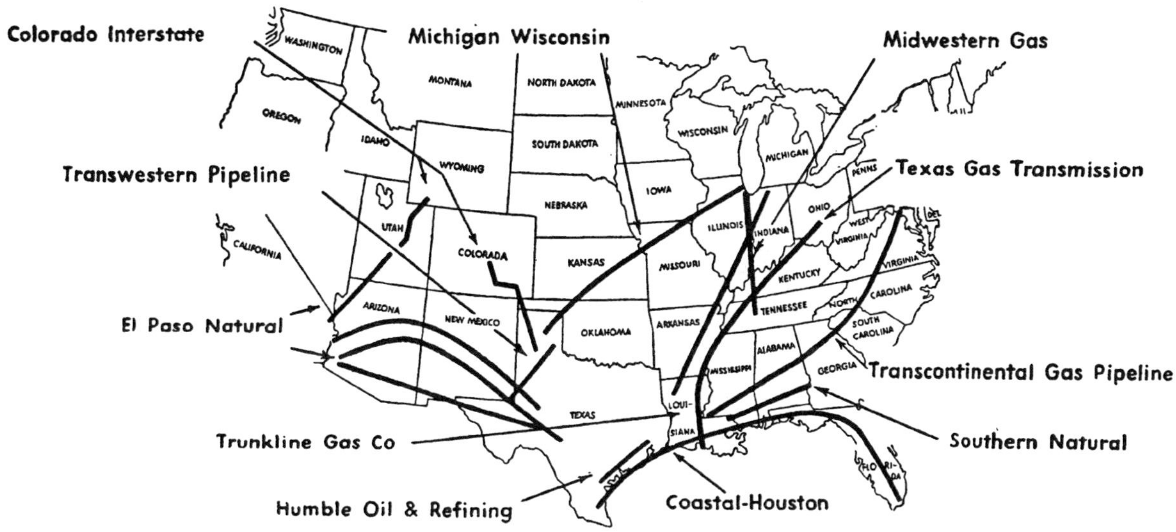

Kohle

Die Steinkohlenförderung in den Ländern der Montanunion

Der westdeutschen Fachzeitschrift „Glück auf" (4/1959) entnehmen wir folgende Angaben über die Steinkohlenförderung in den Jahren 1955 bis 1958. Die Angaben erfolgen in 1000 t.

	1955	1956	1957	1958
Westdeutschland	130728	134407	133156	132582
Saargebiet	17329	17090	16455	16423
Belgien	29978	29555	29086	27057
Frankreich	55335	55129	56795	57711
Italien	1136	1076	1019	716
Niederlande	11895	11836	11376	11881
Länder der Montanunion insgesamt	246401	249093	247887	246370

-ul-

Der westdeutsche Kohlenbergbau in Zahlen

Im Jahre 1958 wurden im westdeutschen Stein- und Braunkohlenbergbau folgende Förder- und Produktionszahlen erreicht:

Steinkohlenförderung	132582 Mio t (133156)
Zechenkokserzeugung	39441 Mio t (41147)
Rohbraunkohlenförderung	99487 Mio t (96811)
Braunkohlenbriketts	16437 Mio t (16826)
Oberbayerische Pechkohlenförderung	1826 Mio t (1853)

Die in Klammern gesetzten Produktionszahlen beziehen sich auf die Jahresförderung 1957. Es ist ein deutliches Absinken der Förderung zu erkennen, ebenso ist die Koks- und Briketterzeugung zurückgegangen.

Die Krise im westeuropäischen Kohlenbergbau greift auch in der westdeutschen Braunkohlenindustrie weiter um sich. -ul-

Eisenerzvorkommen südlich von Bremen

Etwa 40 km südlich von Bremen und 25 km nordwestlich von Nienburg sind in 800—1200 m Teufe größere Eisenerzlagerstätten in jurassischen und kretazischen Horizonten festgestellt worden, deren Vorräte das Amt für Bodenforschung, Hannover, im Raume von Staffhorst jetzt auf ca. 400 Mio t Erz schätzt. Die Mächtigkeit der erzführenden Flöze erreicht teilweise 20 m. In 19 Erdölbohrungen ist innerhalb der letzten 2 Jahre dieses Vorkommen angefahren worden. Das Roherz hat einen Fe-Gehalt von 38%. Durch Rösten kann der Eisengehalt auf 45% erhöht werden. Das Erz wird als das hochwertigste Eisenerz des gesamten Bundesgebietes bezeichnet. Die ersten Erzspuren waren 1950 entdeckt worden. Anfang 1959 konnte das Wirtschaftsministerium von Hannover feststellen, daß durch das neue Erzvorkommen Niedersachsen zum größten Eisenerzgebiet der Bundesrepublik geworden ist.

Das Oberbergamt Clausthal-Zellerfeld hat die Genehmigung zur Errichtung von 2 Schachtanlagen im Gebiet von Asendorf und Brebber im Landkreis Grafschaft Hoya erteilt; eine dritte Schachtanlage soll bei Staffhorst geplant sein. I.

Eisenerzvorräte in Frankreich

Aus dem Montanarchiv 13/1959 entnehmen wir interessante Informationen der Hohen Behörde der Montanunion über die in Frankreich vorhandenen Eisenerzvorräte. Bereits im H. 5/1959 der Zeitschrift für angewandte Geologie wurde eine Übersicht über die Eisenerzvorräte in den Ländern der Montanunion gegeben. Die nachfolgenden Ausführungen stellen eine Ergänzung zu dieser Übersicht dar.

In Frankreich treten drei große Eisenerzvorkommen auf:

1. Der Bezirk Ost (vorwiegend flach gelagerte Flöze).
2. Der Bezirk West (vorwiegend einfallende Flöze).
3. Der Bezirk Centre-Midi (Lager).

In allen 3 Erzbezirken wurden 1956 rund 53 Mio t Eisenerz gefördert. Dabei steht der Bezirk Ost mit nahezu 92% der Gesamtförderung an der Spitze der Roherzmengen. Der prozentuale Anteil dieses Bezirkes am Fe-Inhalt betrug 88,7%.

Im folgenden soll auf die oben genannten Erzbezirke näher eingegangen werden:

1. Die Erzvorräte des Bezirkes Ost sind am besten bekannt. Sie treten in regelmäßig ausgebildeten Flözen auf, die schon längere Zeit Gegenstand des Abbaus sind. Die sicheren Vorräte der gegenwärtig bereits im Abbau befindlichen Teile betragen 2665 Mio t, die wahrscheinlichen Vorräte 1570 Mio t. Dazu kommen noch 1850 Mio t wahrscheinliche Vorräte in den noch nicht in Abbau befindlichen Feldern. Die Gesamtvorräte an Eisenerzen des Bezirkes Ost belaufen sich also auf über 6 Milliarden t mit einem Fe-Inhalt von etwa 1,8 Milliarden t.

2. Der Bezirk West ist ebenfalls sehr ausgedehnt, jedoch sind seine Vorräte nur wenig bekannt. Die Eisenerze sind ziemlich reich, aber stark SiO_2-führend mit Phosphorgehalten von 0,4—0,8%. Für die Erzeugung von Thomasroheisen reicht der Phosphatgehalt nicht aus, so daß die Erze lediglich als Zusatz zu anderen Erzsorten Verwendung finden. Die Förderung ist sehr gering, da die meisten bedeutenden Zentren der Eisen- und Stahlindustrie weit entfernt sind. Die geologischen Erkundungsarbeiten sind in diesem Bezirk zurückgeblieben, da sie auf Grund der un-

regelmäßigen Lagerung der Erze sehr kostspielig sind. Für diesen Bezirk werden die sicheren Vorräte mit 60 Mio t und die wahrscheinlichen Vorräte in den Feldern mit Abbau ebenfalls mit 60 Mio t angegeben. Die Gesamtvorräte des Bezirkes dürften jedoch wesentlich höher liegen. Nach Schätzungen französischer Geologen sollen in der Normandie über 1 Mrd. t mit einem Fe-Inhalt von über 400 Mio t und in Anjou etwa 2 Mrd. t mit einem Fe-Inhalt von 900 Mio t lagern. Gefördert wurden 1956 etwa 4 Mio t Eisenerz, das entspricht einem Anteil von 7,7% an der Gesamtförderung.

3. Für den Pyrenäen-Bezirk wurden die möglichen Vorräte auf rund 20 Mio t geschätzt. 1956 wurden hier 362000 t Eisenerz gefördert. -ul-

Die Weltproduktion an Roheisen und Rohstahl

Nach „Eisen- und Stahlstatistik", Beilage zum Statist. Vierteljahresheft Oktober bis Dezember 1958, herausgegeben im Februar 1959 vom „Statistischen Bundesamt Außenstelle Düsseldorf", betrug die Eisen- und Stahlproduktion der wichtigsten Länder:

Erzeugung der Welt an Roheisen (effektive Zahlen)

	Jahreserzeugung in 1000 t		
	Ø 1936–38	1957	1958
Welt	92 500	208 500	190 000
	Erzeugung in v. H. der Welt		
Europa Bundesrepublik	14,72	8,80	8,77
Montan-Union	31,20	21,64	22,91
Europa insgesamt	44,64	36,28	38,68
UdSSR	15,64	17,76	20,53
VR China	1,14	2,64	3,42
Asien insgesamt	5,60	6,89	8,47
Vereinigte Staaten von Amerika	31,59	34,52	27,58
Afrika insgesamt	0,28	0,68	0,82

Erzeugung der Welt an Rohstahl (effektive Zahlen)

	Jahreserzeugung in 1000 t		
	Ø 1936–38	1957	1958
Welt	124000	293100	272500
	Erzeugung in v. H. der Welt		
Europa Bundesrepublik	13,00	8,36	8,36
Montan-Union	26,41	20,40	21,26
Europa insgesamt	43,04	36,41	37,84
UdSSR	13,98	17,41	20,00
Volksrepublik China	0,34	1,79	3,93
Asien insgesamt	5,85	6,96	9,32
Amerika insgesamt	35,74	37,44	30,93
Afrika insgesamt	0,27	0,65	0,68

I.

Stahlproduktion 1958

Nach der neuesten Statistik der Wirtschaftsorganisation der UN ergab sich im Jahre 1958 eine wesentliche Änderung des Anteils der kapitalistischen Länder an der Stahlproduktion zugunsten der sozialistischen Länder, und zwar hauptsächlich infolge eines 25%igen Ausfalls in der Stahlerzeugung der USA. Die Stahlproduktion betrug (in Mio t):

	1957	1958
Westliche Länder:		
Westeuropa	90,6	86,6
USA	102,3	77,2
Japan	12,6	12,1
Kanada	4,6	3,9
	210,1	179,8
Sozialistische Länder:		
Sowjetunion	51,0	54,9
andere sozialistische Länder Europas	16,2	16,9
VR China	5,2	11,0
	72,4	82,8

Während im Jahre 1957 die Stahlproduktion der westlichen Welt noch dreimal größer war als jene des sozialistischen Lagers, war sie im Jahre 1958 nur etwas mehr als doppelt so hoch.

E.

Vorkommen und Verarbeitung von Kobalterzen

Dem belgischen „Centre d'Information du Cobalt", Brüssel, entnehmen wir die nachstehende Information über Vorkommen und Ausbeutung von Kobaltlagerstätten:

„Die wichtigsten Kobaltvorkommen sind heute folgende:

1. arsenfreie Kupfer-Kobalt-Erze in Nordrhodesien und Belgisch-Kongo,
2. kobalthaltige Nickel-Kupfer-Erze in Kanada,
3. arsenhaltige Kobalterze in Marokko, den Vereinigten Staaten und Kanada,
4. Pyritabbrände in Finnland und den Vereinigten Staaten,
5. kobalthaltige Altmetall-Legierungen.

Neue Kobaltfundstellen werden gegenwärtig in den lateritischen Nickel-Kobalt-Erzen in Neu-Kaledonien und Kuba erschlossen.[1])

Die ärmeren Kupfer-Kobalt-Erze werden durch Flotation angereichert. Die oxydischen Konzentrate werden im Säurebad gelöst und beide Metalle im Elektrolyseverfahren gesondert abgeschieden, nachdem die Lösung von schädlichen Beimengungen befreit worden ist.

Die Sulfidkonzentrate werden zuerst einer sulfatierenden Röstung unterzogen, dann in Wasser gelaugt; aus der gereinigten Lösung wird Kobalt im Elektroverfahren abgeschieden. Die hochgradigen Kupfer-Kobalt-Oxyderze sowie einige kobaltreiche Oxydkonzentrate lassen sich direkt zu einer etwa 42% Kobalt enthaltenden sogenannten Weißlegierung verschmelzen. Diese Legierung wird wieder in Lösung gebracht und das Kobalt aus der gereinigten Lösung als Karbonat ausgefällt, das schließlich durch Röstung und Reduktion zu Metall verarbeitet wird.

Bei den sulfidischen Nickel-Kupfer-Erzen bleiben Kobalt und Nickel durch die verschiedenen Arbeitsgänge hindurch beisammen: Anreicherung, Röstung, Verhüttung in Flammofen und Konverter, und endlich Abscheiden und Rösten der Sulfidphase.

Nach der elektrolytischen Abscheidung des Nickels wird das Kobalt als Oxydhydrat ausgefällt. Falls zur Gewinnung von Reinnickel das Karbonylverfahren angewendet wird, werden die Rückstände geröstet und aufgelöst und das Kobalt aus der gereinigten Lösung als rohes Kobalthydrat abgeschieden. Verschiedene sulfidische Nickelerze werden auch direkt einer Laugung unter Einsatz von Ammoniak und Preßluft ausgesetzt; das Kobaltmetall wird gesondert durch Wasserstoffreduktion ausgefällt.

Eine neuartige Methode zur Gewinnung von Nickel und Kobalt aus Sulfiderzen wurde vor kurzem entwickelt: sie besteht aus der Elektrolyse eines zu Anoden vergossenen Nickelsulfids.

Die meisten arsenhaltigen Erze werden im Schwerverfahren aufbereitet und zu Speise verschmolzen. Ein großer Teil des Arsens wird beim darauffolgenden Rösten ausgetrieben; die geröstete Speise wird in Schwefelsäure gelöst und Kobalt aus der gereinigten Lösung als Hydrat ausgefällt.

Andere Arsenerze werden im Hochdruckverfahren durch Oxydation und Laugung aufgeschlossen und das Kobalt durch Elektrolyse gewonnen.

Die Gewinnung von Kobalt aus Pyritabbränden erfolgt ebenfalls auf naßmetallurgischem Wege: Lösen in Schwefelsäure, Entfernen der Beimengungen und Fällen des Kobalts als Hydrat sind die wichtigsten Arbeitsgänge dieses Verfahrens." I.

[1]) Dieser Erztyp gleicht dem unserer hydrosilikatischen Nickelerzlagerstätten im Kreise Hohenstein/Ernstthal.

Nichteisenerze

Die Welt-Goldgewinnung 1958

Die Welt-Goldgewinnung 1958 (ohne die UdSSR) wird im Jahresbericht der Londoner Bankiers und Edelmetallhändler auf 30,2 Mill. Feinunzen veranschlagt, das sind etwa 800000 Feinunzen mehr als 1957. Die Goldgewinnung der Südafrikanischen Union stieg um 635000 Feinunzen. Auf die Südafrikanische Union entfielen allein 58,5% der Goldgewinnung der westlichen Welt. Die Goldgewinnung der UdSSR dürfte sich nach Schätzungen im Jahre 1958 nicht geändert haben. Für 1957 wurde sie auf 17 Mill. Feinunzen veranschlagt und lag damit etwa in der Größenordnung der Südafrikanischen Union. Wie die Londoner Bankiers und Edelmetallhändler in ihrer Übersicht hervorheben, sind die Goldumsätze am Londoner Markt im Jahre 1958 um etwa 25% zurückgegangen. E.

Der Aluminiummarkt 1958 in den kapitalistischen Ländern

Die westdeutsche Fachzeitschrift „Gießerei" veröffentlichte in Nr. 3/1959 Wirtschaftsnachrichten über die Situation auf dem Markt für Aluminium im Jahre 1958. Wir entnehmen daraus für unsere Leser einige interessante Bemerkungen:

Durch die Beseitigung des Kupfermangels und den Ausbau von Produktionskapazitäten wurde der in der Nachkriegszeit herrschende Aluminiummangel überwunden. Seit etwa 2 Jahren bildete sich auf dem kapitalistischen Weltmarkt eine Überschußposition heraus. Der Aluminiumverbrauch im kapitalistischen Lager stieg von 1956 bis 1957 um 4% und hielt auch 1958 an. Um eine allgemeine Aluminiumschwemme zu verhindern, „legten sich die Produzenten gewisse Beschränkungen auf", d. h. um die Überproduktionskrise abzuschwächen, wurden Mitte 1958 etwa 30% der Produktionskapazitäten stillgelegt. Die seit 1946 offiziell notierten Preise wurden herabgesetzt. In Kanada und den USA wurden die Inlandpreise von 26 auf 24 cts. je kg gesenkt, in Großbritannien wurde die t Aluminium von 197 £ (engl. Pfund) auf 180 £ gesenkt.

Andererseits versuchten die Al-Produzenten eine zunehmende Ausdehnung neuer Verwendungsgebiete zu erreichen, indem sie die Anwendung von Al in verschiedenen Industriezweigen stark propagierten. In den USA erwartet man vor allem aus der Erschließung neuer Verwendungsbereiche eine fühlbare Nachfragebelebung, die 1960 einen zusätzlichen Bedarf von 1 Mio t schaffen soll, obgleich bereits der Pro-Kopf-Verbrauch an Al in den USA bei 11 kg liegt (als Vergleich dazu liegt der Verbrauch in Europa bei 4 kg je Kopf). Neben stärkerer Verwendung von Aluminium im Verpackungswesen und im Verkehrswesen (z. B. bei Kühlbehältern im Schiffs- und Bahnverkehr) erhofft man sich vor allem in der Automobilindustrie einen erhöhten Aluminiumverbrauch. Enthielt ein PKW 1939 erst 2 kg Al, 1948 bereits 5 kg, 1954 etwa 11 kg und 1958/59 etwa 25 kg Al vor allem in Legierungsform, so wird der Al-Bedarf noch erhöht werden. Gegenwärtig bemüht man sich um mehr Aluminium im Motor, dessen Gewicht um etwa 90 kg verringert werden soll. Wenn die Forschungsarbeiten gelingen, würde 1960 ein derartiges Auto 85 kg Al enthalten.

Die Aluminiumerzeugung ging 1958 auch in Westdeutschland zurück. Die westdeutsche Aluminiumindustrie mußte vor allem unter dem Druck der Einfuhren ihre Erzeugung drosseln. 1958 wurden 137000 t Hüttenaluminium erzeugt, das sind 11,1% weniger als 1957. Die beträchtlichen Senkungen der Auslandspreise der großen Exportländer im April 1958 hatten einen starken Einfuhrsog in Westdeutschland zur Folge. Die westdeutschen Kapitalisten wurden daher gezwungen, den Metallpreis zu senken. Bereits am 10. April 1958 kostete die t Aluminium nicht mehr 2330,— DM, sondern 100,— DM weniger. Am 1. 1. 1959 trat eine weitere Preissenkung ein, so daß heute 1 t Hüttenaluminium in Westdeutschland 2160,— DM kostet.

Die Preise in anderen Ländern umgerechnet auf DM betragen in den USA 2290,— DM/t, in Kanada 2150,— DM/t, in Großbritannien 2080,— DM/t, in der Schweiz 2400,— DM/t in Italien 2590,— DM/t.

-ul-

Salze, Steine und Erden

Kalisalzlieferungen der USA 1958

Nach einem Bericht des „American Potash Institute" erreichten die Auslieferungen von Kali für landwirtschaftliche Zwecke in den USA, Kanada, Kuba, Portoriko und Hawaii durch die 8 größten amerikanischen Kaliproduzenten zusammen mit den Importen 2229724 t Reinkali, das sind gegenüber dem Jahre 1957 10% mehr. Die USA bezogen 2090658 t Reinkali, Kanada 89396 t, Kuba 16482 t, Portoriko 16528 t und Hawaii 16659 t. Diese Zahlen beinhalten die Importe aus Europa mit einem Reinkaligehalt von 237269 t. Die Exporte nach anderen Ländern betrugen 228156 t Reinkali, sie lagen um 11% höher als im Vorjahre. Für nichtlandwirtschaftliche Zwecke wurden 118707 t Reinkali geliefert, das sind 8% weniger als im Vorjahre. Insgesamt für alle Zwecke wurden 2576578 t Reinkali oder 9% mehr als im Vorjahre geliefert. I.

Entwicklung der Baustoffindustrie in der DDR

Den Thesen des Politbüros des Zentralkomitees der Sozialistischen Einheitspartei Deutschlands zur 3. Baukonferenz „Die Aufgaben des Bauwesens im großen Siebenjahrplan der DDR" entnehmen wir über die Baustoff-Produktion[1]:

„Die Baustoffindustrie muß in den nächsten Jahren entsprechend dem schnellen Wachstum der Bauproduktion entwickelt werden. Die Investitionstätigkeit in allen Zweigen der Baustoffindustrie ist auf die schnelle Steigerung der Produktion der für die breite Industrialisierung wichtigsten Erzeugnisse zu konzentrieren. In erster Linie ist durch die VVB Zement und Beton der geplante jährliche Zuwachs an Zement, vor allem durch den Aufbau des Werkes Karsdorf II und zwei weiterer Werke, zu sichern.

Die Produktion von Zement soll 1965 mindestens 211% des Standes von 1958 betragen. Der Anteil des hochwertigen Zementes, vor allem Z 475, soll mindestens 60% der gesamten Produktion ausmachen.

Um diese Ziele zu erreichen, sind die ständige Verbesserung des technologischen Regimes in den Zementwerken wie auch die Einhaltung aller Termine für die Produktionsaufnahme der neuen Kapazitäten zu gewährleisten.

Die Lieferung der Aggregate für die neuen Zementwerke ist vom Maschinenbau fristgemäß und in einwandfreier Qualität zu sichern.

Im Hinblick auf den rasch wachsenden Bedarf der Bauindustrie sind die sich abzeichnenden Disproportionen in der Produktion von Schotter, Splitt und Kies durch die VVB Steine und Erden und die örtlichen Organe der Staatsmacht schnell, insbesondere durch die Einrichtung des Schichtenbetriebes, zu überwinden. Die Produktion von gewaschenem und gesiebtem Kies ist erheblich zu steigern, wodurch eine bedeutende Einsparung von Zement erreicht und die Qualität der Betone wesentlich erhöht wird.

Die Ziegelindustrie ist zu rekonstruieren, wobei in geeigneten Ziegeleien die Produktion von leichten Zuschlagstoffen aufzunehmen ist.

Mit der planmäßigen Erhöhung der Kalk- und Gipsproduktion sind neue Methoden der Verarbeitung, u. a. die Herstellung großformatiger Gipsplatten im Walzverfahren nach sowjetischem Muster anzuwenden. Ihre Produktion ist im Jahre 1960 aufzunehmen. Zur Industrialisierung der Ausbauarbeiten ist eine schnelle Zunahme der Produktion von standardisierten montagefähigen Ausbauelementen herbeizuführen." I.

[1]) Aus: „Beilage zum Neuen Deutschland" Nr. 89 v. 1. 4. 1959, S. 12–14

Bergbau- und Bohrtechnik

Tiefstes Bohrprojekt

Die amerikanische Akademie der Wissenschaften hat den Geologen Dr. G. HILL zum Leiter einer Forschungsgruppe ernannt, die eine Bohrung von 12000 m auf dem Eniwetok-Atoll niederbringen soll, um die Beschaffenheit der tieferen Erdschichten zu erkunden.

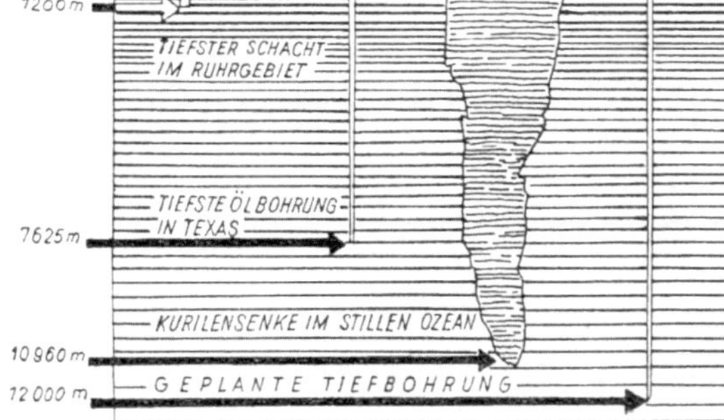

Es ist daran gedacht, diese tiefste Bohrung mit einem Turbinenbohrgerät niederzubringen. In der vorstehenden Abbildung werden miteinander verglichen die größte Tiefe, die im deutschen Steinkohlenbergbau und bei Erdölbohrungen in Texas erreicht wurden, mit der tiefsten Einsenkung im Stillen Ozean und der Tiefe des neuen Turbinenbohrprojektes. E.

Erkundungsbohrungen 1956—1958

Nach einer kapitalistischen Zusammenstellung wurden im imperialistischen Bereich folgende Meterleistungen bei Erdöl- und Erdgaserkundungsbohrungen während der letzten 3 Jahre erreicht:

	Anzahl der niedergebrachten Bohrungen		
	1956	1957	1958 (geschätzt)
USA	58418	53400	47950
Kanada	3733	3446	2560
Sonstiges Nordamerika einschließlich Mexiko und Kuba	514	444	455
Venezuela	1449	1746	1400
Argentinien	298	346	350
Trinidad	262	314	300
Sonstiges Südamerika	627	575	515
Zentralamerika	9	9	20
Westeuropa	979	1154	1215
Afrika	154	225	270
Mittlerer Osten	164	200	240
Japan	126	292	300
Indonesien	138	157	130
Sonstiger Ferner Osten und Ozeanien	110	77	105
	66981	62385	55810

Der im Zusammenhang mit der veränderten Absatzlage zu verzeichnende Rückgang der Bohrtätigkeit prägt sich also in erster Linie in den USA, Kanada und Venezuela aus, während in den meisten anderen Gebieten die Bohrtätigkeit zugenommen hat. E.

Vom „korrelieren"

In den letzten 2—3 Jahren tauchte zuerst in der fachlichen Verhandlungssprache, zuletzt auch in der Schriftsprache von Facharbeiten der Geologen das Wort „korrelieren" auf. Es wurde stets im Sinne des Ausdruckes „in Wechselbeziehung setzen" angewendet. Es besteht daher kein Zweifel, daß das Tätigkeitswort „korrelieren" von dem Hauptwort Korrelation abgeleitet ist, aber grundfalsch. Das Hauptwort Korrelation ist eine Ableitung von der lateinischen Wortform latum (Supinum), die zu dem unregelmäßigen Verbum ferre gehört (fero, tuli, latum, fer(e)re = tragen). Von den beiden Verbalformen fero und latum wurden durch Vorsetzen von den zwei lateinischen Vorsilben re- und cor- (= con) folgende allgemein bekannte Fremdworte gebildet:

Von fero:	Referent,	Korreferent	
	Referat,	Korreferat,	korreferieren
Von latum:	Korrelat,	korrelativ,	Korrelation.

Nun brauchte man ein Tätigkeitswort zum Hauptwort Korrelation. Was tat man? Man begann zu „korrelieren", ohne zu merken, wie man sich dabei blamiert. Dieses Wort existiert weder im Duden noch im Fremdwörterbuch des Bibliogr. Inst. Leipzig von 1954.

Es ist eine Falschbildung und müßte konsequenterweise von Korrelation abgeleitet „korrelationieren" heißen (ebenso wie man von Ration das Verbum rationieren ableitete). Aber gegen die an sich richtige Neubildung „korrelationieren" sträubte sich offenbar das Sprachgefühl. Vielleicht hat sogar dabei das Unterbewußtsein mitgewirkt, daß vom lateinischen „correlatum" als Supinum nur ein Substantivum wie „Correlatio" abgeleitet werden kann. Wie dem auch sei, „korrelieren" geht auf keinen Fall. Von der Wurzel „lat" des Ursprungswortes „latum" ist nur noch das l übriggeblieben, cor- und re- ist Vorsilbe, -ieren ist Endung.

Die Fachkollegen werden daher einsehen müssen, daß wir nicht weiter „korrelieren" dürfen, wenn wir unsere Fachsprache nicht um ein falsches Wort bereichern wollen. Soll es unbedingt ein Fremdwort sein, dann sagen wir sprachlich richtig: „In Korrelation bringen oder setzen".

POMPER

Kurt-Pietzsch-Preis

Der Zentrale Geologische Dienst hat aus Anlaß des goldenen Doktorjubiläums und in Ehrung seines langjährigen Mitarbeiters Prof. Dr. K. PIETZSCH einen innerbetrieblichen Kurt-Pietzsch-Preis gestiftet, der sowohl der Förderung der geologischen Wissenschaft als auch der Volkswirtschaft der DDR dienen soll.

Prof. Dr. K. PIETZSCH hat sich in fünf Jahrzehnten ganz besondere Verdienste auf dem Gebiet der Lagerstättenkunde, der geologischen Kartierung und der Paläontologie erworben.

Mit dem Kurt-Pietzsch-Preis sollen daher alljährlich jene Mitarbeiter und Kollektive des Zentralen Geologischen Dienstes ausgezeichnet werden, die sich auf diesen Gebieten besonders hervorgehoben haben.

Auszeichnungsordnung

§ 1

Der Kurt-Pietzsch-Preis ist eine innerbetriebliche, nichtstaatliche Auszeichnung des der Staatlichen Geologischen Kommission angeschlossenen Zentralen Geologischen Dienstes, seiner Geologischen Dienste und Institute und kann nur an Mitarbeiter oder Kollektive des Zentralen Geologischen Dienstes, der Geologischen Dienste und des Instituts für angewandte Mineralogie verliehen werden.

Der Kurt-Pietzsch-Preis dient der Verbesserung unserer geologischen Arbeit und damit sowohl der Förderung der geologischen Wissenschaft als auch der Volkswirtschaft der Deutschen Demokratischen Republik. Ausgezeichnet werden daher vorbildliche Arbeiten, die

a) in der Dienstzeit für den Zentralen Geologischen Dienst oder die betreffende Dienststelle,
b) in der Dienstzeit im Auftrage des Zentralen Geologischen Dienstes oder der betreffenden Dienststelle für Dritte,
c) in der Freizeit auf Eigeninitiative von Mitarbeitern des Zentralen Geologischen Dienstes oder der entsprechenden Dienststelle

angefertigt werden.

Mit dem Kurt-Pietzsch-Preis können dieselben Personen oder dieselben Kollektive mehrmals ausgezeichnet werden.

§ 2

Anträge für die Verleihung des Kurt-Pietzsch-Preises können beim Direktor des Zentralen Geologischen Dienstes eingereicht werden:

a) von der Leitung der Geologischen Dienste,
b) von der Leitung des Instituts für angewandte Mineralogie,
c) von den Abteilungsleitern des Zentralen Geologischen Dienstes.

Einzel- oder Kollektivanträge von Mitarbeitern des Zentralen Geologischen Dienstes, der Geologischen Dienste oder des Instituts für angewandte Mineralogie sind an die zuständige Dienststellenleitung zu richten, die sie überprüft und mit einer Stellungnahme an den Direktor des Zentralen Geologischen Dienstes auf dem Dienstweg weiterleitet.

Vorschläge sind mit eingehender Begründung bis zum 31. 12. jeden Jahres einzureichen.

Beim Zentralen Geologischen Dienst wird ein Auszeichnungsausschuß gebildet, der zu überprüfen hat, ob die Voraussetzungen für die Verleihung gegeben sind. Diesem Ausschuß gehören an:

a) als Vorsitzender der Leiter der Abt. Geologie der Staatlichen Geologischen Kommission,
b) der Direktor des Zentralen Geologischen Dienstes,
c) der Leiter der Abt. Lagerstättenerkundung des Zentralen Geologischen Dienstes,
d) der Leiter der Abt. Kartierung des Zentralen Geologischen Dienstes,
e) der Leiter der Abt. Forschung des Zentralen Geologischen Dienstes,
f) der Leiter bzw. Chefgeologe der antragstellenden Dienststelle.

Der Vorsitzende des Auszeichnungsausschusses reicht die vom Ausschuß anerkannten Vorschläge bis zum 15. 2. jeden Jahres an den Leiter der Staatlichen Geologischen Kommission zur Bestätigung ein.

§ 3

Der Direktor des Zentralen Geologischen Dienstes nimmt am 11. 3. jeden Jahres die Auszeichnung vor. Sie ist mit der Überreichung einer Urkunde verbunden, die vom Leiter der Staatlichen Geologischen Kommission unterschrieben ist.

Im Verhinderungsfall nimmt die Auszeichnung und Unterzeichnung ein Stellvertreter des Direktors des Zentralen Geologischen Dienstes vor.

§ 4

Der Kurt-Pietzsch-Preis wird jährlich verliehen.

§ 5

Der Kurt-Pietzsch-Preis wird in 3 Klassen verliehen:

1. Klasse (Lagerstättenerkundung)	in Höhe von 3000 DM
2. Klasse (Kartierung)	in Höhe von 2000 DM
3. Klasse (Paläontologie)	in Höhe von 1000 DM

§ 6

Die Entscheidung über die Verleihung des Kurt-Pietzsch-Preises durch den Auszeichnungsausschuß bzw. den Leiter der Staatlichen Geologischen Kommission ist endgültig.

Berlin, den 11. 3. 1959 *Stammberger*

Direktor des Zentralen Geologischen Dienstes

In den nächsten Heften

der

Zeitschrift für angewandte Geologie

erscheinen u. a. folgende Beiträge:

Zum 10. Jahrestag der DDR wird Heft 10 mit verstärktem Umfang erscheinen. In der Festausgabe werden u. a. folgende Beiträge veröffentlicht:

F. STAMMBERGER: Zur Festlegung der Konditionen für mineralische Rohstoffe

R. MEINHOLD: Entwicklungsstand und Probleme der geochemischen Prospektionsmethoden auf Kohlenwasserstoffe

K. LEHNERT: Die seitliche Bohrlochsondierung und ihre Anwendung im norddeutschen Mesozoikum

A. BECKER: Geophysikalische Bohrlochmessungen im Zechstein-Hauptdolomit

B. STEINBRECHER: Vorkommen von Schwefelkristallen im Stinkschiefer aus der Bohrung Bösenrode 9 am Südharzrand

C. MUEHLBERGER: Die Bedeutung der Grundwasser-Organismen für hydrogeologische Erkundungen

E. LEWIEN: Zur Frage der Bauwürdigkeit

J. OTTEMANN: Röntgenfluoreszenzspektrometrie und Mineralanalyse

R. HOHL & L. EISSMANN: Wasserbohrungen im nord- und mittelsächsischen Porphyrgebiet

K. HINZ: Zum Abhängigkeitsverhältnis Geochemie/Nutzporosität in der Karbonatfolge des Zechsteins 2 am Westteil der Struktur Mulkwitz (Niederlausitz)

K. HEIMLICH: Zum Karbonatgehalt des Hauptanhydrits (Zechstein 3) im nördlichen Harzvorland und Unstrutgebiet

T. KAEMMEL & E. KNAUER: Die Quecksilberauftriebswaage in der angewandten Geologie

H. HAUSMANN: Die Fauna eines Zechsteinriffes bei Profen

P. RICHTER: Bemerkungen über ein Vorkommen von Kobaltmanganerz bei Rengersdorf/Lausitz

W. MARTIN: Refraktionsseismische Arbeiten in der Egelner Südmulde

F. REUTER: Geologische Betrachtungen über Abdichtungsarbeiten bei Talsperren

K. DETTE: Bohrschwierigkeiten im Dolomit des Unteren Zechsteins im Raum Spremberg

W. KARPE: Ein Beitrag zur Kenntnis der Erdöllagerstätten Volkenroda

J. DOCKTOR & P. PUFF: Neue Kartensymbole für die Gliederung des Unteren und Mittleren Buntsandsteins in Thüringen auf zyklischer Grundlage

E. LANGE & P. BEHRENS: Zentraler Geologischer Fonds (ZGF) der DDR

H.-L. HECK: Reorganisation und Perspektive der geologischen Kartierung im Raum Mecklenburg

F. SITTE-ZÖLLNER: Der Einsatz von Hydrozyklonen und Bogensieben zum Entsanden von Bohrtrüben

W. MEHNER: Ein Rohstoffproblem im Abraum des künftigen Großtagebaues Welzow-Süd

R. HAAGE: Geologische und petrographische Untersuchungen des Tertiärquarzits von Morl

G. HORN & G. RADEISKE: Die Mitarbeit des Verfahrensingenieurs bei der Erkundung auf Lithium und Beryllium

FSC
www.fsc.org
MIX
Papier | Fördert gute Waldnutzung
FSC® C083411

Zeitfracht Medien GmbH
Ferdinand-Jühlke-Straße 7
99095 Erfurt, Deutschland
produktsicherheit@kolibri360.de